本书编委部分成员合影（左起：郭卫军、孙树侠、陈光）

郭卫军与原中央保健局王敏清局长合影

郭卫军与原国家卫生部孙隆椿副部长合影

郭卫军与中国保健协会徐华锋秘书长合影

全民健康生活方式科普丛书

牛初乳与营养免疫

新世纪天然"免疫之王"的奥秘

主 编 孙树侠 郭卫军 陈 光
副主编 王跃飞 徐 博

中国保健协会科普教育分会 组织编写

中国医药科技出版社

内容提要

免疫力的强弱决定着人体的体抗力强弱，人体的免疫系统维持着人们的健康。初乳是自然界赋予生命最重要的第一份食物，富含丰富的营养和功能性成分，而牛初乳是最现实的初乳资源。本书从不同角度阐述了牛初乳的营养价值、对人体免疫系统的功能价值以及作为保健食品的开发前景，为您揭开牛初乳与营养免疫之间的奥秘。

图书在版编目（CIP）数据

牛初乳与营养免疫. 新世纪天然"免疫之王"的奥秘/孙树侠，郭卫军，陈光主编. —北京：中国医药科技出版社，2016.9（2025.5重印）.

（全民健康生活方式科普丛书）

ISBN 978 - 7 - 5067 - 8672 - 0

Ⅰ.①牛⋯ Ⅱ.①孙⋯ ②郭⋯ ③陈⋯ Ⅲ.①乳牛 - 初乳 - 营养学 -免疫学 - 研究 Ⅳ.①TS252

中国版本图书馆 CIP 数据核字（2016）第 200811 号

美术编辑 陈君杞
版式设计 张 璐

出版　中国医药科技出版社
地址　北京市海淀区文慧园北路甲 22 号
邮编　100082
电话　发行：010 - 62227427　邮购：010 - 62236938
网址　www. cmstp. com
规格　710 × 1000mm ¹⁄₁₆
印张　6 ½
字数　83 千字
版次　2016 年 9 月第 1 版
印次　2025 年 5 月第 12 次印刷
印刷　三河市万龙印装有限公司
经销　全国各地新华书店
书号　ISBN 978 - 7 - 5067 - 8672 - 0
定价　30.00 元

前言

　　人体与生俱来就拥有一个世界上最好的医生——免疫系统。当免疫系统正常运作的时候，它应该扮演一个强大的防线，能有效抵抗大多数的疾病。均衡的营养和适当地保养身体，对免疫系统非常有帮助，不管我们身体状况如何，我们的身体需要不断地补给营养，当我们健康时，均衡的营养可预防我们生病，同样的，当我们生病时，充分的滋养可协助我们从疾病中复原。很多人当他们生病时，经过额外的努力才觉察营养的重要性，仅有少数人采取预防措施，在疾病未开始前便已阻止它。功能健全的免疫反应系统能抵抗致命的病菌，而营养对这个系统有举足轻重的作用。营养免疫学是一门研究营养与免疫系统之间奇妙关系的科学，重点是提倡整体健康管制，而不是在人体发生问题之后才去抢修。

　　健康的人身上，都有一个设计巧妙、均衡运作的免疫系统。它能恰如其分地去抵抗病菌感染，治疗伤口，杀死癌症细胞。良好的免疫系统不会过度反应也不会反应不及，当它的功能运作良好时，数量适当、形式健全的白细胞和免疫体就会共同合作对付入侵者，并且将它一举歼灭。恰当的免疫反应让我们拥有健康。

　　当我们的免疫功能无法正常运作时，我们就容易受到疾病的感染，而造成免疫系统功能不良的原因很多，诸如遗传、化学或放射治疗、运动过度、老化、压力或是饮食不均衡等因素都可能使免疫系统不能完全发挥功能，因而容易使我们得病。

　　今天人类所制造的抗生素有一百多种，却没有一种抗生素没有不良反应，而我们身体中的抗体是没有不良反应的，且能在短时间产生出来。发明制造一种新的药物需要几年时间，而身体只要几个小时就可以将抗体分泌出来。大部分人体的疾病和免疫系统失调有关，因为各种疾病的产生，科学家才发现免疫系统是健康的关键。那么有药物可以来提升抵抗能力、免疫功能吗？有一些药物可以刺激某一种免疫功能，但是免疫系统并非由单一的器官或组织构成，而是由人体多个器官以及分泌的特殊物质共同组成的复杂系统，它无法用某一种化学药物简单地来替代。

初乳，是新生儿来到人世间的第一口食物，也是妈妈给宝宝最好、最珍贵的礼物。宝宝出生后最初5天内母亲分泌的乳汁为初乳，它是宝宝所能得到的最重要食粮，含有成熟乳的所有营养成分，除了富含蛋白质、维生素和矿物质等营养成分外，还含有丰富的免疫因子、生长因子等功能组分，使宝宝获取生长发育所需的全部营养素。帮助宝宝迅速适应外界环境，加快生长发育和抵抗疾病。不过，6个月之后，母乳带给宝宝的免疫因子比起初乳的营养就少了一些，宝宝的健康就好似少了一把有力的保护伞。

为什么宝宝需要牛初乳呢？0～6岁的宝宝，从母体带来的免疫球蛋白消耗殆尽，同时自身的免疫系统尚未发育完善，处于生理上的"免疫功能缺陷期"，极易患上感冒、腹泻与呼吸系统疾病。牛初乳具有与母亲初乳非常相似的成分与功效，是母牛分娩后3天内的乳汁，是具有免疫调节、改善胃肠道、促进生长发育、抑制多种病菌的功能性食品。让宝宝适当补充牛初乳，可以帮助宝宝顺利成长。

母牛产犊后3天内的乳汁与普通牛乳明显不同，称之为牛初乳。牛初乳蛋白质含量较高，而脂肪和糖含量较低。20世纪50年代，研究发现牛初乳中不仅含有丰富的营养物质，而且含有大量的免疫因子和生长因子，如免疫球蛋白、乳铁蛋白、溶菌酶、胰岛素样生长因子、表皮生长因子等，经科学实验证明具有免疫调节、改善胃肠道、促进生长发育、改善衰老症状、抑制多种病菌等生理活性功能，被誉为"21世纪的白金保健食品"。

本书介绍了有关营养免疫和牛初乳方面的知识信息，便于广大读者了解并科学选择相关产品，有关疾病及医疗方面的问题应咨询相关专业人士，本书所含内容无意于诊断、医治、治疗任何疾病。

编者
2016年6月

CONTENTS

目录

第一章

营养免疫

人类已经认识到：免疫力的强弱决定着人体的抵抗力强弱，它对人体的健康程度及人类寿命的长短都具有十分重要的作用。人们的健康面临着各种威胁：食物污染、环境污染、癌症、艾滋病、非典……面对无药可医的可怕疾病，增加自身的免疫力以提高抵抗各种疾病的能力是我们在日常生活中应该做到而且是很容易选择的方法。

第一节　免疫起源

免疫学是一门既古老而又新兴的学科。免疫学的发展是人们在实践中不断探索、不断总结和不断创新的结果。一般认为免疫学的发展经历了四个时期，即经验免疫学时期、经典免疫学时期、近代免疫学时期和现代免疫学时期。

免疫学发展历史

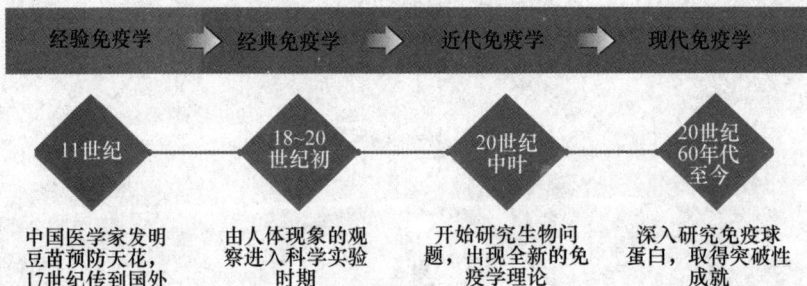

经验免疫学	经典免疫学	近代免疫学	现代免疫学
11世纪	18~20世纪初	20世纪中叶	20世纪60年代至今
中国医学家发明豆苗预防天花，17世纪传到国外	由人体现象的观察进入科学实验时期	开始研究生物问题，出现全新的免疫学理论	深入研究免疫球蛋白，取得突破性成就

早在公元11世纪，中国医学家在实践中创造性地发明了人痘苗，即用人工轻度感染的方法预防天花。在明代隆庆年间（公元1567~1572年），人痘苗已在中国广泛应用；至17世纪，人痘苗接种预防天花的方法引起其他国家的注意，先后传入俄国、朝鲜、日本、土耳其、英国等国家，进而使人痘苗预防天花的方法得以推广和验证。此即经验免疫学时期。它是人类认识机体免疫性的开端，为之后英国医生Jenner（琴纳）发明牛痘苗奠定了基础。该时期发现了免疫现象，对医学实为一项伟大贡献。

18世纪至20世纪初为经典免疫学时期。这一时期，人们对免疫功能的认识由对人体现象的观察进入了科学实验时期。它的发展是与微生物学的发展密切相关的，并成为微生物学的一个分支。这一时期英国医生 Jenner 发明了牛痘苗，为人类传染病的预防开创了人工免疫的先河。之后科学家们陆续发明了减毒疫苗、抗毒素，发现了补体，对血清学、免疫化学以及抗体生成理论做了深入的研究，使免疫生物学在理论和方法论方面都取得了重大进展。

20 世纪中叶至 20 世纪 60 年代期间，为近代免疫学时期。这一时期人们冲破了抗感染免疫模板学说的束缚，对生物体的免疫反应性有了比较全面的认识，使免疫学开始研究生物问题，出现了全新的免疫学理论。因此，这一时期实际上是免疫生物学时期。

现代免疫学时期是指 20 世纪 60 年代至今。在这一时期，确认了淋巴细胞系在免疫反应中的地位，阐明了免疫球蛋白的分子结构与功能，对免疫系统特别是细胞因子、黏附分子等进行了大量研究，并从分子水平对免疫球蛋白的多样性、类别转化等进行了有益的探讨，在许多方面取得了突破性成就。

真正的健康源于强健的免疫系统，当免疫系统功能正常时，人体几乎可以克服所有的疾病。营养免疫就是通过均衡的营养来滋养免疫系统。

第二节　免疫系统的功能

免疫系统具有免疫监视、防御、调控的作用。这个系统由免疫器官（骨髓、脾脏、淋巴结、扁桃体、小肠集合淋巴结、阑尾、胸腺等）、免疫细胞[淋巴细胞、单核吞噬细胞、中性粒细胞、嗜碱粒细胞、嗜酸粒细胞、肥大细胞、血小板（因为血小板里有 IgG）等]，以及免疫分子（补体、免疫球蛋白、干扰素、白细胞介素、肿瘤坏死因子等细胞因子）组成。免疫系统分为固有免疫（又称非特异性免疫）和适应免疫（又称特异性免疫），其中适应免疫又分为体液免疫和细胞免疫。

免疫系统是机体执行免疫应答及免疫功能的重要系统，是防卫病原体入侵最有效的武器，它能发现并清除异物、外来病原微生物等引起内环境波动

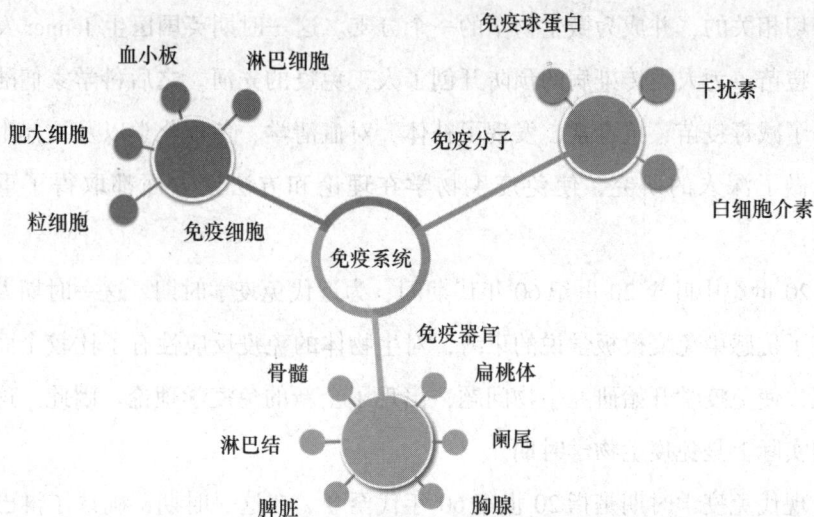

的因素。但其功能的亢进会对自身器官或组织产生伤害。免疫系统有三大功能。

1. 抵抗

当遇到外物侵入时，免疫细胞会释放出一种抗体，它就像军人射出的子弹、炮弹一样，把"敌人"杀死，使我们维持健康的身体。

2. 清除

免疫细胞会把身体上的废物清除出体外，这些废物有"敌人"的尸体、老化死去的细胞、外来的杂质等。我们流出的汗与吐出的痰即属此类。

3. 修补

免疫细胞亦会把破坏的组织修补回去，譬如手指不小心被刀割伤，没几天我们便发现伤口已愈合了，这便是免疫细胞在进行"修补工作"的结果。

第三节 免疫系统运作模式

提起恐怖主义和战争，我们的脑海里就会浮现流血、苦难和极度混乱的画面。国家安全对于每个国家来说都是最重要的大事，因此各国都备有训练有素的士兵、精密尖端的武器及先进的防御系统，以昼夜不停地监视并维护整个国家的安全。

同样的，我们的身体也时时刻刻对"敌人"保持警戒，即使是我们肉眼也无法观察到的"敌人"。我们吸入的空气、摄入的食物饮料、每天接触的物体，表面上看起来似乎是干干净净的，实际上却沾满了各种微生物——细菌、霉菌、病毒以及灰尘、寄生虫等。一旦我们的身体放松戒备，这些微生物就会乘虚而入，致命的入侵者能够通过人体皮肤上的多种途径而轻易地进入人体。

幸好我们也有一支精密的军队保护着我们——免疫系统，这支军队从不轻视任何敌人，而且时时刻刻都在提醒着我们注意它们的存在，喉咙发痒或眼睛流泪都是免疫系统在努力工作的信号，即使如此，我们仍常常忽视它们，也许是因为我们看不见它们的缘故吧！我们经常想的是如何保护我们的心脏、皮肤和其他器官，却很少考虑到免疫器官是否健康，只有当免疫系统出现问题，或我们生病后，才会注意到它们的存在。

一、关于免疫系统

我们的免疫系统是一个了不起的杰作，在任何一秒内，它都能调派协调着不计其数、不同职能的免疫部队，从事复杂的任务，它不仅时刻保护我们免受外来入侵物的危害，还可以预防体内细胞突变引发癌症的威胁。如果没有免疫系统的保护，即使是一粒灰尘就足以让人致命。让我们进入人体内认识这支不容易被察觉的强盛军队。

1. 人体的新兵训练营：免疫系统

人体的免疫系统并不在某一个特定的位置，相反地，它需要人体多个器官一起共同协调运作，主要有三道防线（见下表），是具有执行其功能所需的独特组织。

人体的三道防线

	组成	功能	类型
第一道	皮肤和黏膜	阻挡和杀灭病原体，清扫异物	非特异性免疫
第二道	体液中的杀菌物质（如溶菌酶）和吞噬细胞	溶解、吞噬和消灭病菌	
第三道	免疫器官的免疫细胞	产生抗体，消灭病原体（抗原）	特异性免疫

人体防御疾病与感染的第一道防线，是皮肤及排汗系统的黏液组织，它们在很多有害成分进入人体之前，便能充分将其捕获，汗液和抗菌物质会捉住细菌，而眼泪和黏液中的酶则会分解侵入者的细胞壁。

免疫系统的第二道防线在体内，免疫系统的成员——溶菌酶和吞噬细胞将继续完成其"寻找与摧毁"入侵者的任务。

免疫系统的第三道防线包括若干器官，如淋巴结及脾，它们具有淋巴液及血液，是一个可循环的通行系统，在这个通行系统当中，免疫系统工程的成员将可赶在血液及淋巴系统内的有害成分增殖之前，对其展开最后的狙杀。

淋巴结是外围淋巴器官，骨髓和胸腺也是人体主要的淋巴器官。另外，长久以来，人们觉得盲肠和扁桃体没有明显的功能，但是，最近的研究显示，盲肠和扁桃体内有大量的淋巴结，这些结构能够协助免疫系统运作。

（1）肠胃守护者：集合淋巴结

就像盲肠一样，集合淋巴结对肠胃中的入侵者起作用，它们对控制人体血液中的微生物入侵者至关重要。

（2）士兵工厂：骨髓

骨髓负责红细胞和白细胞的制造，它们就像免疫系统里的士兵，每秒钟就有 800 万个血细胞死亡，并有相同数量的细胞在这里生成，因此骨髓就像制造士兵的工厂一样。

（3）训练场地：胸腺

就像为了赢得战争而训练三军一样，胸腺是训练各种兵种的训练厂。胸腺指派 T 细胞负责战斗工作。此外，胸腺还分泌具有免疫调节功能的激素。

（4）战场：淋巴结

淋巴结是一个拥有数十亿个白细胞的小型战场，当因感染而需开始作战时，外来的入侵者和免疫细胞都聚集在这里，淋巴结就会肿大，甚至我们都能摸到它。肿胀的淋巴结是一个很好的信号，它正告诉你身体受到感染，而你的免疫系统正在努力工作着，作为整个军队的排水系统，淋巴结肩负着过滤淋巴液的工作，把病毒、细菌等废物运走。人体内的淋巴液约比血液多出

4 倍。

（5）血液过滤器：脾脏

脾脏是血液的仓库，它肩负着过滤血液的职能，去除死亡的血细胞，并吞噬病毒和细菌。它还能激活 B 细胞使其产生大量的抗体。

（6）咽喉守卫者：扁桃体

扁桃体对经由口鼻进入人体的入侵者保持着高度的警戒，那些割除扁桃体的人患上链球菌咽喉炎和霍奇金病的概率明显较高，这就证明了扁桃体在保护上呼吸道方面具有非常重要的作用。

（7）免疫助手：盲肠

盲肠能够帮助 B 细胞成熟以及抗体（IgA）的生产，它也扮演着交通指挥员的角色，生产分子来"指挥"白细胞到身体的各个部位，盲肠还能"通知"白细胞在消化道内存在有入侵者。在局部免疫过度活跃时，盲肠还能帮助抑制抗体潜在的有害反应。

2. 人体忠实的"步兵"：白细胞

执行免疫系统防御任务的是一群勤劳的士兵，也就是白细胞。主要包括淋巴细胞（B 细胞、T 细胞）、单核细胞（巨噬细胞）及粒细胞等。

（1）特定防卫战士：B 细胞和抗体

B 细胞提供体液免疫——透过在血清、淋巴液等体液中循环流动的抗体来保护人体。B 细胞扮演与入侵者作战的角色，能针对不同的入侵者产生特定的抗体以对付他们。抗体，是我们体内搜索敌人的导弹，它首先追踪、锁定目标入侵者，然后就触发免疫反应彻底摧毁入侵者。有些 B 细胞具有记忆功能，一旦相同的入侵者再次攻击，B 细胞就会很快识别，并立即产生抗体与之战斗。

（2）非特定防卫战士：T 细胞

T 细胞给人体带来细胞性免疫力。它们提供非特定免疫，即只负责搜索和摧毁敌人而不管其为何种类。辅助 T 细胞是免疫系统的指挥官，它们通过化学信号"通知""命令"其他士兵作战。细胞毒性 T 细胞和自然杀伤细胞是入侵者致命的狙击手。一旦感染的情况受到了控制，抑制 T 细胞就会调节抗体的生产，并发出战争结束的信号。

（3）噬菌者：吞噬细胞和粒细胞

吞噬细胞诸如单核细胞和巨噬细胞，是巨大的细胞吞噬者，它们负责吞噬清理敌人。巨噬细胞是具有多种功能的免疫细胞，除了清除体内战争后留下的残骸以及老化的血细胞，它们还能分泌特殊物质召唤细胞涌向外来物入侵的地点。

二、阵容强大的军队

为了更清楚地理解我们的免疫系统是如何工作的，让我们简单地了解一下免疫系统如何与感冒病毒进行对抗。

首先，病毒入侵人体，免疫系统开始启动。

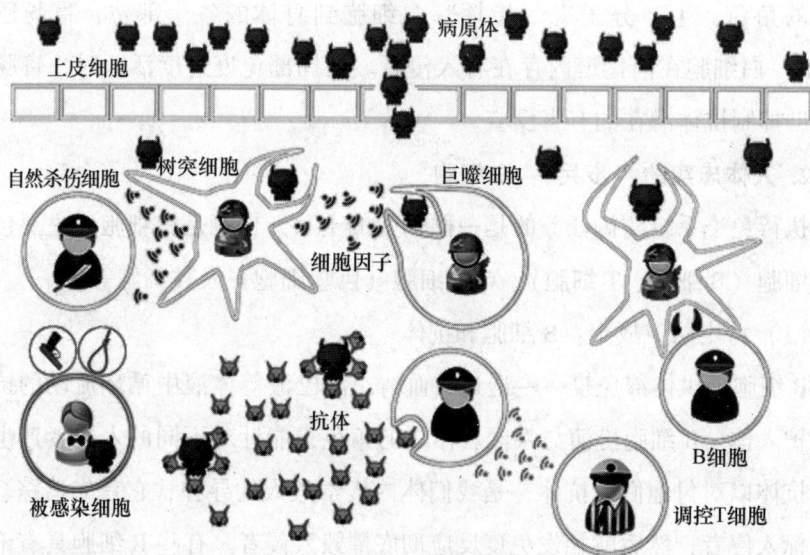

然后，巨噬细胞前去吞噬入侵的病毒。淋巴液是透过淋巴管行经全身的，淋巴液中的巨噬细胞，有"人体的清道夫"之称，是人体的清洁队，透过显微镜观察巨噬细胞，将可以看到它似乎有很多小手，这些小手可以向前伸展，抓住细菌，给它们一个致命的"拥抱"。巨噬细胞表面呈现部分被摧毁的病毒（抗原）。此时，巨噬细胞呼叫其他免疫细胞，一个辅助T细胞应召唤前来，并与巨噬细胞连成一体，这个结合体释放出白细胞介素、肿瘤坏死因子和干扰素等免疫物质。免疫物质使其他免疫细胞增生扩散，B细胞繁殖并制造抗体。自然杀伤细胞开始对受病毒感染的细胞进攻。抗体（免疫球蛋白）锁定病毒，发信号给补体让其摧毁病毒，然后由巨噬细胞将其吞噬。在感染受到控制后，抑制 T 细胞将活跃的免疫细胞召回。不过一些记忆细胞继续留下，自行记忆其特定性质或组织，人体的免疫系统不但会储存这项资讯，且会将其转成训练新的淋巴细胞课程，当相同入侵者再度出现在人体中时，记忆细胞即可辨识，并立即产生对抗的抗体，以便患者再次受到同种病毒侵袭时，身体可以快速消灭它们，这也就是预防接种与免疫的基本原理。

第四节　营养免疫对健康的启示

受大气污染、水污染、经济发展落后等方面影响，风湿类疾病、糖尿病、皮肤病、恶性贫血等自身免疫疾病患者越来越多，并且呈现年轻化趋势，慢性病和亚健康已经严重影响了人们的生活质量。世界范围内一次又一次爆发大规模的免疫系统疾病，流感、非典、艾滋病、埃博拉出血热等，病毒逐渐升级，免疫力低导致的健康危机已受到世界范围的重视，人类免疫系统亟须提高。

现代医学研究显示，绝大多数疾病的产生都和免疫系统失调有关，均衡的营养对强化人体的免疫系统有着举足轻重的作用。因此，人类对抗疾病最好的武器不是药物，而是人体本身健全的免疫系统。

传统上的"营养学"与"免疫学"是两门独立的学科，并不存在相互关联。"免疫学"是研究人体免疫系统的构造及功能的，它没有涉及如何提升免疫功能的问题，而且不够完善。例如：以前的医学家认为盲肠是一个没有用的器官，据说日本人出生时便把盲肠割掉。如今免疫学家认为盲肠是一个非常重要的免疫器官，它里面有许多免疫细胞，负责腹部以下的防御，一旦有感染物入侵，它便发挥搜寻及摧毁的功能。而"营养学"的研究内容是生存所必需的基础营养，没研究到营养与细胞之间的关系，它同样存在某些观念上的错误。例如：对动物性蛋白质的作用过分夸大等。

"营养免疫学"则改变了传统医学研究的方向，解决了能使人健康的科

第一章　营养免疫

009

学意义上的"营养"问题，并且找到了如何提升人体免疫功能的有效方法，把这个长期困扰人类健康的重大命题解决了，使"营养学"和"免疫学"两辆各行其道的马车并驾齐驱，珠联璧合，并赋予了新的知识内涵和科学定义。作为一门学科，它是20世纪60～70年代发展起来的，专门研究营养与免疫系统抵抗疾病能力之间的密切关系。它超越了维生素、蛋白质等基本生存营养，而是研究人体免疫系统所需要的抗氧化剂、植物营养素、多糖体等抵抗疾病的营养。许多人因缺乏正确的营养知识让疾病缠身，"营养免疫学"强调通过适当的运动、适度的休息、正确的解压和均衡的营养实现健康人生。

研究认为，提高自身免疫力，重在预防，而合理调配营养是最重要的方式。"营养免疫学"提倡使用有益的天然食物提升个人自身的防御系统，以对抗疾病。化学药物的使用会刺激免疫系统中的某种成分，但它无法替代免疫系统的成分和功能，并且还会产生副作用。《黄帝内经》云："上古之人，其知道者，法于阴阳，和于术数，食饮有节，起居有常，不妄作劳，故能形与神俱，而尽终其天年，度百岁乃去。"可见，国人自古便知，合理膳食，加之规律的生活方式，才是延年益寿的上佳之法。

由于免疫的强度及功能，绝大部分取决于饮食，因此，一旦营养失调，影响最深的也是免疫系统。但是，单纯靠食物汲取营养，每天要吃的食物至少十几种才能全面摄入人体所需的营养成分，那么，有没有一种方式，食用简单、便捷，同时又能均衡营养，提高免疫力呢？

以此为目标，科学家将研究重点放在了牛初乳上。汲取母牛72小时内生产的乳汁，提炼多种营养成分和五大免疫球蛋白，其中免疫作用最大的抗体——免疫球蛋白G（IgG）含量高达30%以上，并且，胰岛素样生长因子、表皮生长因子、纤维细胞生长因子等七大生长因子，能够对我们常见的感冒、糖尿病、伤口愈合、血小板再造等都有明显的改善作用。可见，牛初乳在增强人体免疫力方面表现出众，能帮助人们铸造如长城般坚固的体魄，食用价值非常可观。

第五节　百病之源——免疫力低下

当今人们的生活节奏越来越快，各种社会和家庭压力、责任、负担骤增，环境污染程度逐渐加剧，周围环境中存在着数不清的有害微生物（如致病细菌、真菌、病毒等）；不适当的生活方式（过量烟酒、饮食不当等）形成的有毒物质以及恶性增殖的身体细胞（如癌细胞），所有这一切对机体的免疫系统来说都是一种巨大的压力，严重地威胁到我们的健康，要想提升身体素质，唯有强化我们自身的免疫系统。

为了对抗种种对人体的侵犯，我们人体会支配特异的、复杂的防御系统来保护自身免受有害物质的伤害。

人体构造十分神奇，每一个部门都有特殊功能各司其职。主司防御的部门就是免疫系统。免疫系统主要包括第一线的物理、生化防御系统以及第二线的主动防御系统，前者如同构造严密的堡垒，可限制及防止有害病原入侵，主要包括皮肤、汗腺、皮脂腺、黏膜等；后者就如随时待命出击的战士一般，可主动及专一地对抗那些突破机体第一道防线的"漏网之鱼"——入侵病原，主要反应包括产生抗体、活化免疫细胞等。而完整的免疫系统是在前后两者都各司其职时，才能发挥其最佳功能。可以说，免疫系统外部的严密固守与随后的内部出击同等重要。

通常，当外界病原入侵时，第一线的物理生化屏障首先保护人体，阻碍病原进入体内。假如当病原太强悍而逾越或突破第一线防御系统时，这时内部的主动防御系统就得出击，动员体内的免疫球蛋白（抗体）、淋巴细胞等免疫物质，与病原展开另一轮的"免疫战争"。

其中抗体在这个防御体系中起着至关重要的作用。主动防御出击的成败，取决于这个系统中抗体等免疫物质的质量和数量。

可以说，我们的免疫系统就相当于一个国家的国防部，不作战时也需要庞大的经费维护，看似浪费，却是御敌不可少的开销，所谓"养兵千日，用在一时"，人体的免疫系统也是一样，不管有无敌人入侵，都需要时刻保持警戒状态，遇到敌人入侵，方能及时反应，适时消灭。

事实上，我们之所以会生病，是因为身体给了病原可乘之机，也就是说我们的免疫系统有所缺失，补给不足；或者免疫系统反应不够快，来不及给病原迎头痛击，清除危害于萌芽之中，一旦病原泛滥，就难免会生病了。

人一旦生病了，药物往往只能在旁助阵，真正与疾病搏斗的勇士还是免疫系统本身。此外，药物有副作用，可能会让人体产生不适，也可能会与以前残留在人体内的药物、食品化学添加剂及肠道或机体组织内的其他物质结合，产生毒性作用或致癌物质。

总之，为维持您的健康，经常维护免疫系统是非常重要且必要的。

第二章

21世纪健康"乳白金"
——牛初乳

20 世纪初，澳大利亚一家农场主惊讶地发现，自己牧场的一头母牛难产死了，母牛生的小牛吃不到妈妈的乳汁，尽管主人用牛奶精心喂养，小牛还是挣扎了几天死去了。之后，类似的事件又发生过几起，引起了主人的注意和警觉，以后再有难产而死的母牛，他尽量让同时产仔的其他母牛喂养遗下的小牛，居然都活了！他觉得这里面有什么因素在起作用，但是搞了半天也没搞明白。

其实，这就是牛初乳在起作用。

据专家介绍，吃不到母牛初乳的小牛往往不能成活。这是为什么呢？因为牛初乳中含有大量的免疫球蛋白，能够增进和调节机体的免疫功能，提高抵抗力和免疫力，所以，吃到母牛初乳的小牛就能够成活；反之，就活不成！牛初乳中的免疫球蛋白含量是人初乳的 50~100 倍，还含有各种生长因子，有益智提神、延缓衰老、辅助治疗多种顽症的作用，被专家称为"乳白金"！

然而，当初"乳白金"并不被人所认识，由于牛初乳乳汁浓厚、发黄、酸度高而味道苦，不易保存，有的人甚至认为有毒，多余者往往被扔掉了。直到现在，民间仍然传说，产妇的初乳有毒，第一滴奶不能给婴儿喝，需要挤出扔掉，这是典型的误解和无知，将最珍贵的东西扔掉了，实为可惜。

牛初乳之所以被称为"乳白金"是因为它的稀少和珍贵，一头母牛只有它下仔时才产生初乳，而且在国际上，公认只有下仔后 7 天之内的乳汁被称为"初乳"，7 天以后的就是正常乳汁了。7 天的"初乳"中，第一天的最好，第二天的免疫活性物质就下降了 1/4 以上，以后下降比例逐日加大，7天以后，被称为成熟乳，免疫活性物质接近零。

在国外，一项对 100 例 60 岁以上老人进行的服用牛初乳试验，结果表明，牛初乳制剂能够提高老年人体内血清过氧化物歧化酶活力，降低脂质过氧化物，提高老人的液化智能，尤其在图像记忆与瞬时记忆方面效果明显，并且能提高外周血中性粒细胞的吞噬百分率，改善容易疲劳、腰酸背痛、肢寒畏冷、多夜尿等衰老症状。

牛初乳还能够抑制或杀灭多种有害微生物，如幽门螺杆菌、白色念珠菌、大肠埃希菌、肺炎链球菌、金黄色葡萄球菌等等，除日常保健外，在医疗实践中也常常作为预防或辅助治疗方法得到广泛应用。

第一节　牛初乳——打响免疫系统"保卫战"

头痛医头，脚痛医脚，这是临床医学最直观的表现。

21世纪，医学、营养学界提出一种新的观念：告别临床医学，迎接预防医学。

专家们认为，长期以来，就病治病，确实是拆了东墙补西墙的无奈之举。自20世纪发明了青霉素之后，人们以为从此就找到了可以抵抗一切感染的法宝。但仅仅到了20世纪50年代，耐受青霉素的葡萄球菌就出现了。之后人们不断开发研制抗生素，但每开发出一种新的抗生素之后不久，就出现了毒性更大的耐受该种抗生素的细菌。细心的读者可能有这样的体验：现在的抗生素药物似乎不如过去管用了，哪怕是小小的感冒也要数天用药才可能痊愈，这正是细菌耐药性的最直观表现。

所谓"是药三分毒"，药物在杀死有害菌的同时，也会伤害有益菌，损害人体健康。当人体肠道局部免疫系统功能失调或大量致病菌进入肠道时，有害病原菌就会在肠道大量繁殖导致肠炎及其他疾病，最直接的表现就是发生腹泻。无疑，人们越来越渴望能找到一种不产生耐药性、没有毒副作用的天然抗菌物质，于是，免疫球蛋白引起了人们的关注。

临床医学上常用从血液中提取的免疫球蛋白（主要成分为IgG），采用注射方式供给人体。但出于血液交叉感染的可能性，人们在使用时难免有所顾虑。而且免疫球蛋白针剂必须由医护人员监管、使用，从接受者方面考虑也不方便。

在国家"八五"科技攻关项目——《鸡蛋中免疫球蛋白的分离提取》研究中，采用生化分离技术将鸡蛋中的卵黄免疫球蛋白（IgG）提取出来。具体应用时，再将免疫球蛋白添加到奶粉中，这种奶粉称为免疫奶粉或功能性球蛋白奶粉，可作为婴幼儿、老人及免疫功能低下人群的功能性抗病食品。

其实，牛初乳就是一种天然富含免疫球蛋白的全新功能性抗菌食品。其富含的免疫球蛋白 IgG 或 IgA 与临床上所用针剂的主要免疫球蛋白（IgG）均同样能够支持免疫系统功能，发挥特定抗菌作用。而且通过食用初乳摄取免疫球蛋白的方式非常直接、方便、安全，无任何毒副作用。

在现实生活中，最容易获得也最易于被人接受的初乳便是牛初乳。牛奶在今天是最常见的食品，而牛初乳可看作是一种特殊的牛奶。

食用牛初乳能为人体提供主动免疫保护：牛初乳的主要活性成分能清除肠道中的病原菌及其产生的毒素，促进肠道有益菌群的存活、增殖，调整肠道微生态环境；并有利于营养消化吸收，减少肠胃胀气；进而减轻免疫系统负担，使先天防御系统能更好地对付肠外其他病菌，预防腹泻、感冒、肺炎等常见疾病。可以从根本上尽量避免或减少各种疾病的发生。

这样看来，人类告别头痛医头、脚痛医脚的时代确实已经为时不远。此外，不要忘记包括初乳在内的保健食品与药物的最大区别就在于：前者以预防疾病为主。

第二节 牛初乳有效成分分析

2005 年 12 月 12 日，中国官方通过牛初乳行业规范。规范认为，母牛产犊后 3 天内的乳汁与普通牛乳明显不同，称之为牛初乳。牛初乳蛋白质含量较高，而脂肪和糖含量较低。

牛初乳含有丰富的生长因子，能帮助修复组织，强健肌肉，修复 RNA 和 DNA 以及平衡血糖。牛初乳含有丰富的、天然的糖蛋白和蛋白酶抑制剂，从而保护了免疫因子和生长因子免受胃肠道消化酶的破坏，使其能够完整进入肠道，被人体吸收，发挥生理功能。牛初乳是一种纯天然食物，对人体安全无毒，对肠道中的有益菌没有影响，这与大多数抗生素具有广谱抑菌和杀菌作用完全不同。抗生素的使用会导致毒性更大的耐药性菌株出现，而牛初乳则不会出现这一问题。牛初乳不仅适用于儿童，同样适用于成年人特别是老年人的保健。对于那些反复腹泻，呼吸道反复感染和生长发育迟滞的儿童，食用牛初乳除可以补充所需的营养外，还具有良好的改善效果。

20 世纪 50 年代以来，由于生理学、生物化学、医学以及分子生物学的发展，发现牛初乳中不仅含有丰富的营养物质，而且含有大量的免疫因子和生长因子，如免疫球蛋白、乳铁蛋白、溶菌酶、胰岛素样生长因子、表皮生长因子等，经科学实验证明，具有免疫调节、改善胃肠道、促进生长发育、改善衰老症状、抑制多种病菌等一系列生理活性功能，被誉为"21 世纪的白金保健食品"。牛初乳还被外国科学家描述为"大自然赐给人类的真正白金食品"，2000 年美国食品科技协会则将牛初乳列为 21 世纪最佳发展前景的非草药类天然健康食品。

一、牛初乳的主要营养成分

牛初乳比一般牛乳具有高蛋白、高钙质的营养特征。牛初乳含有的主要矿物质元素为 Mg、K、Na、Cl、Zn 和 Mn 等，维生素类物质有维生素 A、D、C、E、B_1、B_2、B_{12}等。

与普通牛奶相比牛初乳蛋白质含量更高，脂肪和糖含量较低，铁含量为普通乳汁的 10～17 倍，维生素 D 和维生素 A 分别为普通乳汁的 3 倍和 10 倍。

1. 蛋白质不但含量丰富，而且为优质蛋白

牛初乳富含蛋白质，初乳蛋白质浓度可达到常乳的 4～8 倍，主要为乳白蛋白、乳球蛋白、乳铁蛋白、酪蛋白，还有酶。

天然牛初乳是富含苏氨酸、异亮氨酸等 19 种氨基酸的蛋白质源，其中人体必需的就有 6 种，是一种全值蛋白质。奶牛分娩后第 1、3、5 天的初乳中蛋白质含量分别为 17.12%、4.34% 和 3.61%。牛初乳中氨基酸的含量高于常乳，而且，据科学研究表明牛初乳中的氨基酸总量超过奶粉 5 倍。其中

含量较高的是精氨酸，其次是谷氨酸、亮氨酸、脯氨酸、赖氨酸等，含量较低的是半胱氨酸和色氨酸。

2. 脂肪中多不饱和脂肪酸的含量高

乳脂肪是乳中最重要的能量物质。牛初乳中脂肪主要是以脂肪微粒形式存在。奶牛分娩后 48 小时内牛奶脂肪含量开始下降，2～5 天内逐渐上升，5 天后又开始下降。

牛初乳的乳脂肪中，水溶性、挥发性脂肪酸比例特别高，这不仅使乳质风味良好，也容易消化。牛初乳磷脂中，多不饱和脂肪酸含量高，且人类膳食中需要的共轭亚油酸含量较高，大部分是顺、反 - 9,11 - 十八碳二烯酸，即生理性最强的异构体，有明显的抗癌作用。丁酸占牛初乳脂肪酸的 10%（摩尔分数），也有一定的抗癌作用，利于某些肠道疾病和贫血症的治疗。

3. 富含多种维生素

牛初乳中的维生素有水溶性维生素（维生素 B、叶酸、维生素 C 和烟酸）和脂溶性维生素（维生素 A、D、E 和 K）。奶牛分娩后 1 天内的初乳中，胡萝卜素、维生素（A、D、E）的含量都很高，约为常乳的 2～7 倍。

4. 碳水化合物主要是低聚糖

牛初乳中不含蔗糖，除乳糖（能够加强钙质被动扩散过程，增加钙质的生物利用率）以外，还含有较多的不易被人体肠道消化酶降解，却能促进肠道双歧杆菌增殖的低聚糖。

5. 含人体必需的多种微量元素

含有丰富的人体所必需但又易于缺乏的钙（Ca）、锌（Zn）、硒（Se），其他人体必需的常量与微量元素（Na、Mg、Cu、Mn、Mo、Cr 等）也高于常乳。

二、牛初乳的活性成分

牛初乳除含有与牛常乳相同的常规成分（蛋白质、碳水化合物、矿物质、维生素等）外，更重要的是含有大量的生物活性物质，含量是牛常乳的 50～100 倍。主要包括免疫球蛋白、乳铁蛋白、乳过氧化物酶、胰岛素、溶菌酶以及表皮生长因子、转化生长因子、胰岛素样生长因子、IL-1B、IL-6、干扰素-γ、脑瘤坏死因子-a等各种细胞因子，这些细胞因子虽然在初乳中含量甚微，但却具有重要的生理功能，如抗感染、抗肿瘤、免疫调节等，特别是在对肠胃的保护方面，显示了神奇的作用。

初乳是哺乳动物提供给幼仔的最初食物，其功能性成分保障了动物幼仔的健康成长，作为人类的功能性食品，具有很高的应用价值。这些生理活性成分具有免疫调节、延缓衰老、促进生长发育、抑制肿瘤等一系列的生物功能，不仅可以制造功能性食品，而且还具有开发天然活性生物药物的巨大潜力。

更重要的是，初乳还含有下列很多可以调节人体功能的生理活性成分。

1. 免疫球蛋白 IgG

免疫球蛋白是一类具有增强抗菌、免疫功能的活性蛋白质，是人类特别是婴儿健康所必需的生理活性物质。根据重链稳定区氨基酸序列的不同可将免疫球蛋白分为五大类，免疫球蛋白是牛初乳中最引人注目的免疫因子，牛初乳中免疫球蛋白含量为 50~150mg/ml，是人初乳的 50 倍，其中 IgG 是牛初乳中含量最高的免疫球蛋白，占 80%~90%，是常乳中含量的 100 倍以上，它能部分取代人类 IgA 的功能。

2. 其他免疫调节物质

初乳还含有其他很多与机体免疫有关的物质，对您的健康同样不可欠缺。您可能仍然觉得"免疫"一词难以理解，不妨简单将其看成是"抗病"的代名词。

（1）铁合蛋白

铁合蛋白包括乳铁蛋白和转铁蛋白，其特点是不易被消化酶水解，具有广谱抗菌能力，可促进肠道有益菌（短双歧杆菌）生长，增强人体对营养的吸收。铁合蛋白极易与铁离子结合，能将机体所需铁离子运输到血红细胞，且使有害的细菌和病毒无法得到其生长所需的铁，从而增强免疫力；并且它还可抑制体内自由基生成，起到缓解类风湿关节炎和抗衰老的作用。

（2）乳清蛋白

乳清蛋白是多种活性蛋白质的混合物，能有效抑制病毒繁殖，预防肠道癌形成，同时刺激骨骼生长，具有降低胆固醇和减肥的功能。

（3）乳过氧化物酶

乳过氧化物酶能破坏病原菌的外膜蛋白、运送系统及核酸等组件；有效中和体内所产生的过氧化物，避免过氧化物在体内积聚引起的伤害和老化反应，如老人斑、器官老化等。

（4）脯氨酸多肽（PRP）

哺乳动物初乳内含有一种特殊的多肽物质 PRP，可支持和调节胸腺（免疫系统控制中心），能抑制过分活跃的或激活不活跃的免疫系统，是一种重要的免疫调节物质。

细心的读者会有这样的疑问：难道我们的身体还有需要抑制免疫反应的时候吗？答案是肯定的。

初乳 PRP 可增加皮肤微血管的通透性，刺激或抑制免疫反应。这种活性对于人体有重要意义。例如，类风湿关节炎、红斑狼疮和过敏等自体免疫疾病中，免疫系统丧失识别能力，攻击自身细胞，此时就非常需要 PRP 来抑制免疫反应。

初乳就像一位充满智慧的保健医师，可以根据使用者的不同情况对症下药。

（5）糖蛋白

糖蛋白有的直接作为蛋白酶抑制物，有的作为初步消化产物减弱食物对胃肠道分泌的刺激作用，它们有助于防止免疫和生长因子在通过强酸性的消化系统时被破坏。

（6）细胞活素

细胞活素包括白细胞介素、干扰素和淋巴因子，能刺激淋巴结、胸腺，具有抗病毒免疫功能。初乳含有不少仍具活力的白细胞，数量最多的是中性粒细胞和巨噬细胞，也有淋巴细胞（以 T 细胞为主），能够在肠道内产生干扰素和其他健康保护因子。

（7）酪蛋白多肽

酪蛋白是初乳中最主要的蛋白质之一，它除了具有提供氨基酸和能量的营养功能外，还是生物活性肽（其中包括免疫活性肽）的重要来源。这些小肽本身以非活性状态存在于蛋白质氨基酸序列中，在牛初乳食品的生产加工过程中，人们利用酶切技术，使酪蛋白中所存在的这些小肽的活性被充分释放出来，它们就成了生理功能的重要调节剂。

酪蛋白复合多肽在人体内还起着信使的作用，为神经递质传递信息，维护人体神经整体效应，使人体变得更加灵活、灵敏。酪蛋白多肽的多重生物效应系统作用，可预防及改善高血脂、高血压等症状，可促进钙、铁、锌、硒等营养物质吸收，改善睡眠、提高记忆力、免疫力。

到目前为止，人们已经发现了几十种具有不同生理功能的生物活性肽，免疫调节肽就是其中研究较多的一类生物活性肽，它能够增强人体的免疫功能，对人体特别是对新生儿正常生理功能发挥着不可替代的作用，对它的进一步深入研究和开发利用是十分有意义的。

(8) 溶菌酶

溶菌酶是一种专门作用于微生物细胞的、不耐热的碱性球蛋白，它广泛存在于乳汁、血清、胃肠和呼吸道分泌液，以及吞噬细胞的溶菌体颗粒中。它能溶解大多数革兰阳性菌和一些革兰阴性菌，能促进双歧杆菌的生长，具有杀菌、抗病毒、抗肿瘤细胞等作用。

牛初乳中的 T 淋巴细胞、B 淋巴细胞、巨噬细胞及嗜中性粒细胞等多种免疫活性细胞能分泌特异性抗体，产生干扰素，以及直接的吞噬作用，对保护免疫系统尚未发育成熟的新生儿具有重要意义。

(9) 核苷酸

核苷酸对细胞代谢有重要作用。初乳中最重要的是腺嘌呤单磷酸核苷酸（AMP），作为 ADP 前体，为机体细胞活动提供能量，调控细胞代谢，调节激素和其他激活因子的运输。初乳中其他核苷酸可帮助碳水化合物代谢。

3. 生长因子

生长因子是初乳中另外一大类重要而珍贵的活性成分。除用作药物外，最初主要是作为化妆品，例如，时下流行的"羊胎素"，其中主要活性成分便是表皮生长因子（EGF）。一些著名演艺圈人士更是通过直接注射这类物质，保持青春靓丽的容颜。

初乳中的生长因子具有如下功能：促进正常生长，有助于老化或受伤的肌肉、皮肤胶原蛋白、骨骼、关节及神经组织的再生和修复；促进机体脂肪的分解代谢，有助于肌肉的生长；平衡血糖；有助于调节大脑中"感觉良好"的化学物质（5 – 羟色胺和多巴胺），使情绪愉快。

（1）胰岛素样生长因子

胰岛素样生长因子（IGF）可促进体细胞对葡萄糖和氨基酸的吸收，帮助平衡血液糖分。值得注意的是：牛初乳 IGF 是一种分子量为 7649 道尔顿的碱性多肽，等电点为 8.8，因其具有胰岛素样的降血糖、促进正氮平衡等功效而被广泛用于临床、生物学等领域。

（2）表皮生长因子

表皮生长因子（EGF）对糖尿病患者的慢性溃疡有改善作用；加速烧伤患者的角质化细胞生长；加速角膜移植后的外伤愈合。

（3）转化生长因子

转化生长因子（TGF）是一种多肽分子，可促进细胞增殖、组织修复和维护（即伤口愈合）以及胚胎发育。Ballard 博士发现，牛初乳促进细胞有丝分裂的效力为人初乳的 100 倍。除具备表皮生长因子的作用外，TGF 还可减少肿瘤块血管的形成，使初步受损的癌组织彻底坏死。

初乳在这个方面的神奇作用使之特别适于外用。当您遇到诸如湿疹、皮炎、粉刺以及牛皮癣等皮肤问题时，初乳可以帮助您解决难题，恢复自信。

（4）纤维细胞生长因子

纤维细胞生长因子（FGF）可影响多种内分泌和神经细胞的生长和功能；刺激并行血管形成，对局部缺血的恢复有一定作用；促进伤口愈合、神经再生和软骨修复。

（5）神经营养生长因子

神经营养生长因子（NGF）促进神经组织的修复，具有较强口服活性。

（6）骨骼生长因子

骨骼生长因子促进骨骼生长和身体发育。

（7）红细胞、血小板生长因子

红细胞、血小板生长因子促进红细胞、血小板的制造。

大自然是最高明的保健师，只有它才可能开发、调配出像初乳这样能够确保活性成分有效性的保健品。

第三节　牛初乳中的免疫球蛋白

人体吸收的营养物质主要有以下两种利用途径：第一是用来氧化分解，为生命活动提供能量；第二则是成为人体自身的物质，为人体发挥各种功能提供物质基础。

第一种用途已经为人们所熟知，而第二种用途正越来越受到人们的重视。近年来在发达国家被广泛关注的"免疫球蛋白"正是这一类营养物质的典型代表。

免疫球蛋白是一类与人体免疫功能密切相关的球形蛋白质，广泛存在于人体和动物体中。其英文为"Immunoglobulin"，因而常缩写为"Ig"。免疫球蛋白根据其结构和功能的不同分为五类，以字母命名，分别叫作 IgG、IgA、IgM、IgD 和 IgE。

免疫球蛋白对人体有许多重要的作用：有的免疫球蛋白存在于呼吸道、消化道和生殖道黏膜表面，能够防止局部发生感染；有的免疫球蛋白分布于血管内，在防止菌血症方面起重要作用；有的免疫球蛋白能够中和毒素和病毒；有的免疫球蛋白能够抵抗寄生虫感染；有的免疫球蛋白可以调节免疫细胞增殖分化为能够产生抗体的细胞（抗体是使机体能够抵抗侵入体内的病菌及毒素侵害的蛋白质）。

IgG 是分布最广的免疫球蛋白，它能够促进免疫细胞对病原体的吞噬；促进免疫细胞对肿瘤细胞或受感染细胞的杀伤和破坏；当第二次与相同病原体接触时可与之发生凝集反应；是唯一能通过胎盘传递给胎儿的免疫球蛋白，可增强胎儿和新生儿的免疫力。

许多人的免疫功能异常都与免疫球蛋白不足有关，因而摄入免疫球蛋白成为调节机体免疫力的极佳选择。目前，一些发达国家开发出了以牛初乳为原料的天然功能性食品，其主要功能组分就是免疫球蛋白。

乳汁中的免疫物质对幼畜具有两种完全不同的保护作用。一种是初乳被吸收进入幼畜循环系统后，提供可以预防微生物侵入的循环抗体。第二种是不被吸收的乳汁，在消化道内提供一种能保护肠道疾病的局部免疫力，其中 IgG、IgA 和 IgM 都有保护哺乳动物小肠的作用。

IgM 的应答反应期是短暂的，仅有 24～48 小时，是对感染最初的应答反应所产生的抗体。IgG 是对感染因子第二步的应答反应产生的，产生的 IgG 可以维持一个较长的时期，防止畜体进一步受到感染。一般 IgG 占血清中所有免疫球蛋白的 80% 左右。IgA 在肠道、呼吸系统和乳腺产生局部的免疫力，IgA 由局部分泌，它趋向于保存在产生部位，在血清中 IgA 的浓度很低。产生特异性的免疫力可防止幼畜患肠炎或其他肠道疾病。IgA 常常对防止病毒感染非常有效。

IgG 含量 (mg/ml)

72小时内牛初乳中IgG含量

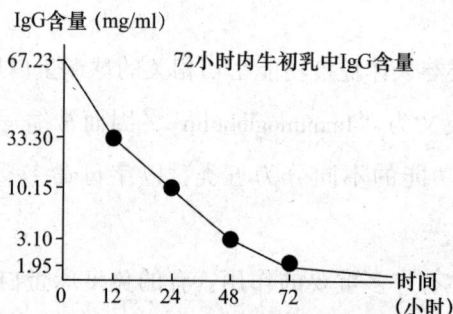

注：此图参考《中国乳品工业》第141期中《初乳中免疫球蛋白的测定》一文。

研究测定结果显示，产犊后第 1 次挤乳，初乳中 IgG 平均含量为 67.23mg/ml，之后随泌乳过程含量迅速下降，24 小时后已降至 10.15mg/ml，到第 5 天以后已接近常乳水平。免疫球蛋白具有多种生理活性功能，能与抗原发生特异性结合，抗原与免疫球蛋白反应结合后就会失去破坏人体健康的能力。IgG 和 IgM 与相应的抗原结合后，可以激活补体，从而使得细胞溶解。免疫球蛋白还可以结合细胞产生多种生物学效应，中和毒素，溶解细菌，通过胎盘向胎儿体内传递免疫力，使得机体的抗性（如胎儿和新生儿的抗感染能力）增加等。

其中 IgG 是牛初乳中含量最高的免疫球蛋白，它能部分取代人类母乳 IgA 的功能。牛初乳中 IgG 的含量是人初乳的 50～100 倍，是牛常乳的 50～150 倍，对病毒、细菌及真菌感染具有强大的防治作用。IgM 是相对分子质量最大的免疫球蛋白，在补体和吞噬细胞参与下，其杀菌、溶菌、激活补体和促吞噬等作用均显著强于 IgG，主要分布在血液中，对防止菌血症起重要作用，牛初乳 IgM 的含量为牛常乳的 50～100 倍，与人具有抗原同源性。IgA 是黏膜局部抗感染的重要免疫物质。IgE 具有被动皮肤过敏抗原的活性，无抗病毒和抗菌的活性，对机体抗过敏反应和抗寄生虫感染有特殊意义。

IgG 分布很广，较其他免疫球蛋白容易透过毛细血管而弥散到组织间隙中，所以身体的大部分组织乃至脑髓中都有 IgG 存在。由于 IgG 分布广，含量高，因而具有很强的防御功能，是机体重要的抗菌、抗病毒和抗毒素抗体。IgG 又是唯一能通过胎盘由母体供给胎儿的免疫球蛋白，所以，在新生儿的最初几周内，IgG 在抗感染方面发挥主要的防卫作用，可消除病原微生物及毒素的危害。

同时，免疫球蛋白对许多病原微生物和病毒具有抑制作用，如志贺菌、沙门菌、佛氏痢疾杆菌、大肠埃希菌、金黄色葡萄球菌、脑病毒和流感病毒等。

20 世纪 70 年代研究发现，初乳内含量丰富的免疫球蛋白原来自有妙用：新生命诞生后，其肠壁上有一定量的大孔，免疫球蛋白分子可经这些孔直接进入血液及淋巴液中成为新生儿免疫保护系统的直接组成部分。

由于肠壁大孔在一段时间后就会闭合，此后所起的作用不明显，但在 20 世纪 70 年代末期，英国 David Tyrrell 医生发现初乳免疫物质所提供的保护作用不仅是在血液或淋巴系统中，其诱发的免疫反应也在肠道、支气管以及肺的分支空腔中发挥作用。这表明任何年龄的人均能从初乳中获益。

后来发现，秘密在于免疫球蛋白独特的结构，它天生就是不容易被吸收的物质，仅形成较大碎片激活肠道免疫细胞，引发全身性免疫反应。免疫球蛋白被胃肠道酶降解后的片段也可在进入肠细胞后，直接成为机体组装免疫球蛋白的半成品，使得免疫球蛋白生成速度倍增，所以，医生发现：儿童服用 IgG 几小时后，血液中抗体浓度迅速升高。

牛初乳是母牛为了供给牛犊在新生环境下可以抵抗外来病毒及细菌而合成的，除了含有丰富的优质蛋白质、维生素和矿物质等营养成分外，还富含免疫球蛋白（主要为 IgG）、生长因子等活性功能组分，能攻击侵入体内的致病原，抑制病菌繁殖，是一种能增强免疫力、促进组织生长的功能性食品。牛初乳神奇之处在于不仅能增强自身免疫功能，减少对抗生素的依赖性，还不会产生任何副作用，在任何时候均可有效保护身体的健康。大量研究证明，牛初乳是除人初乳外唯一富含生长因子和免疫因子的天然食物。

另外，初乳中 IgG 的含量与其他生物活性物质的含量呈一定的正相关，是初乳中的主要功能性组分，也是衡量牛初乳及其制品质量的重要指标，因此在牛初乳制品的开发方面，可通过测定 IgG 的含量确定制品的优劣。

第四节　乳铁蛋白——牛初乳中重要的抗菌因子

牛初乳中乳铁蛋白、溶菌酶、乳过氧化物酶 – 硫氰酸盐黄嘌呤氧化酶抗菌体系、α2 – 糖蛋白、AP 糖蛋白及糖结合体都能起到抗菌消炎的作用，其中最为重要的为乳铁蛋白。目前，由牛初乳或常乳制备的乳铁蛋白已经被美国食品和药物管理局（FDA）列为"一般公认安全（GRAS）"组分，2001年 10 月 23 日 FDA 法规规定牛肉中允许使用的活化乳铁蛋白量为 65.2mg/kg，2001 年 11 月美国农业部允许活化乳铁蛋白可在新鲜牛肉中使用。

乳铁蛋白是一种结合性糖蛋白，牛初乳中乳铁蛋白有两种分子形态，分子量分别为 82000 道尔顿和 86000 道尔顿，差别在于它们所含糖类不同。碳水化合物在牛初乳中含量高达 7g/L，含量为 1.5 ~ 5.0mg/ml，是常乳的 50 ~ 100 倍。

虽然乳铁蛋白的含量相对较低，但却有许多特殊的生理活性功能，1975年 Porath 等发现蛋白质可吸附重金属离子；1993 年 Nagasako 等也报道了其研究结果，牛乳铁蛋白能稳定还原态的铁离子，其他蛋白没有这种功能。乳铁蛋白除具有抗菌、预防感染作用外，还具有抑制肿瘤及病毒、清除体内自由基及免疫调节等多种功能。于长青等人认为乳铁蛋白有多种生物活性，如促进铁的吸收、抑菌抗病毒、促进细胞增殖、调节骨髓细胞生成、调节补体系统、刺激溶菌酶再生、防止脂质过氧化等。

一、乳铁蛋白的生物学功能

1. 提高肠道细胞对铁离子的吸收

动物体内的运铁蛋白在胃内极酸性条件下不具有运送铁的作用，这时只有乳铁蛋白能在动物肠道中运载铁离子。当乳铁蛋白运送到达肠道中，与肠道细胞表面的特异性受体结合，再由这些受体运载铁离子进入细胞内部。

Kawakami 证实，给贫血小鼠进食结合了铁的乳铁蛋白或普通硫酸亚铁，为达到同样治疗效果，后者的摄入量需是前者的 4 倍（分别为 50μg 和 200μg 铁）。试验发现，机体对铁的吸收有负反馈调节机制，当细胞缺铁时，就会在其表面合成特异的铁受体，如血液中的转铁蛋白和肠道中的乳铁蛋白。在摄入铁的过程中，若与乳铁蛋白结合则可明显减缓铁对肠道的刺激作用，一是因为乳铁蛋白螯合了铁，避免了铁离子对肠道的直接刺激作用；二是进食乳铁蛋白可以减少无机铁离子的摄入量。乳铁蛋白是由转铁蛋白转化而来，其结合铁的能力是后者的 260 倍左右。每分子可结合两个 Fe^{3+}，因此，lg 乳铁蛋白最多可结合 1.4mg 铁。但 pH 变化、铁的溶解度增加等可能会增加乳铁蛋白结合铁的容量，增幅甚至可达 70～140 倍。

2. 抑菌和杀菌功能

现已确定，乳铁蛋白属广谱抑菌剂，既可抑制需铁的革兰阴性菌，如大肠菌群、大肠埃希菌、沙门菌等，也可抑制革兰阳性菌，如金黄色葡萄球菌、李斯特菌等。但对铁需求不多的微生物，如乳酸菌，则基本不受抑制。乳铁蛋白还能与微生物菌体发生凝集作用，使之死亡。

1982 年，Aronld 等通过荧光免疫研究发现，乳铁蛋白可与菌体表面结合，从而隔断外界营养物质进入菌体，致使菌体死亡。乳铁蛋白对变异链球菌、霍乱弧菌等有直接致死作用。

3. 免疫调节

巨噬细胞和淋巴细胞的各种免疫细胞都有乳铁蛋白受体存在，乳铁蛋白具有调节巨噬细胞活性和刺激淋巴细胞合成的能力；而且嗜中性粒细胞是含乳铁蛋白最多的细胞，当机体受感染时就可将乳铁蛋白释放出来，夺取致病菌的铁离子致其死亡。乳铁蛋白还具有促进中性粒细胞吸附和聚集、增加粒细胞黏性、促进细胞间相互作用、参与调节机体免疫耐受能力、抑制补体系统激活或激活已有的补体途径等功能。

乳铁蛋白还可作为机体非抗体免疫的主要力量对抗病原菌的入侵。同时进食乳铁蛋白能刺激肠道免疫球蛋白的分泌，Debbabi 等认为，乳铁蛋白是黏膜免疫系统的激发因子，并且只有黏附在黏膜细胞上才能发挥激发作用。

4. 促进肠道有益菌群生长，调整肠道菌群

乳铁蛋白可通过与铁离子结合限制特定微生物的生长，抑制或杀灭动物的多种肠道有害菌，促进肠道有益菌生长。Teraguchi 研究报道用含有 0.5% ～ 2% 乳铁蛋白的牛乳饲喂小白鼠，小白鼠消化道中的大肠埃希菌繁殖受到抑制，也抑制了肠道细菌向脏器的侵入。同时，乳铁蛋白能促进双歧杆菌生长，这样，在动物肠道建立起有利的微生态系统，这种作用与乳铁蛋白对肠道铁离子的结合作用有关。

5. 抗氧化作用

动物肠道内只要有微量的铁离子存在，它就会作为脂质氧化和氧自由基产生的催化剂，导致氧自由基的生成。因此，机体含有过量的铁也会引发负面影响。而乳铁蛋白能结合铁离子，可以抑制铁离子导致的脂质氧化，阻断氧自由基的生成。实验证实，在 pH 为 7.4 的 NaCl 溶液中，饱和度为 20% 的乳铁蛋白和 Tf（转铁蛋白），能抑制牛脑磷脂脂质体的磷脂过氧化反应，而在同样的体系中，不同铁饱和度的白蛋白，均不能抑制该反应。

6. 其他生理功能

乳铁蛋白除了具有以上功能，还有抗癌细胞的作用，以及抑制胆固醇积累功能，最近的研究还发现，乳铁蛋白可作为基因转移的活化剂和动物细胞促生长因子。

二、口服乳铁蛋白的生理试验

迄今，各国研究者进行了一系列动物和人体口服乳铁蛋白的试验，证实了口服乳铁蛋白的生理功效。

Teraguchi 等在喂食老鼠的牛乳中加入 2% 牛乳铁蛋白（简称为 bLF）或 2% 牛乳铁蛋白水解物（bLfh），发现喂食期间粪便中一般肠杆菌，如链球

菌、梭状芽孢杆菌等的增殖受到抑制，其数量和细菌迁移的数量与仅喂食牛乳的对比组比较均有所下降，而双歧杆菌数量则没有减少。由于其他试验证实所添加的牛乳铁蛋白或牛乳铁蛋白水解物对脾淋巴细胞的芽生反应并无影响，所以确认口服 bLF 或 bLfh 是通过抑制肠道中细菌的增殖来抑制细菌迁移的。

Lee 等人对无菌状态下生长的小猪静脉注射大肠埃希菌脂多糖（LPD）之前，对其喂食乳铁蛋白。结果表明，喂食过乳铁蛋白的小猪死亡率为16.7%，相比之下对照组小猪死亡率竟高达 73.7%，从而证实喂食乳铁蛋白可明显减少因内毒素而导致的致死性休克。

Togawa 等人对葡聚糖硫酸钠（DSS）诱导性肠炎的鼠进行动物生理试验，从喂食 DSS 前的 3 天直至鼠死亡，持续以管饲法喂食乳铁蛋白。发现服用乳铁蛋白后抗炎性细胞因子、IL－4、IL－10 明显增加，而炎症前体细胞素、肿瘤坏死因子 a、IL－1B、IL－6 则明显下降。

1. 口服乳铁蛋白对消化道外感染的抑制作用

一个最重要的进展在于：研究证实，口服乳铁蛋白无需被肠道吸收即可对远离消化道的动物及人体的病菌感染部位发挥作用。

Yamauchi 等人以 600mg 或 2000mg 的剂量，分别对 37 名患中度和重度足癣的成年人进行连续 8 周口服牛乳铁蛋白的生理试验。这项开创性双盲医学试验在临床上表明：深红发癣菌（*Trichophyton rubrum*）和须发癣菌（*Trichophyton mentagrophytes*）的数量及一些皮肤病症状，包括水疱和趾间足癣在口服牛乳铁蛋白后均有所改善。

Haversen 等人在雌鼠膀胱中滴注大肠埃希菌 30 分钟后，对老鼠喂食乳铁蛋白及其肽。发现服用人乳铁蛋白（hLF）有明显的抗炎作用。喂食 hLF后观察到在感染病菌 2 小时后尿道 IL－6 有所减少；24 小时后体系中 IL－6有所下降。这是有关口服 hLF 及其肽可减少尿道感染和发炎的首篇报道。

Natsuko Tokakura 等人对一些患有鹅口疮症状（口腔念珠菌病）的老鼠进行口服牛乳铁蛋白的生理试验。在感染念珠菌的前 1 天开始口服牛乳铁蛋白，实验证实口服乳铁蛋白后口腔中的白色念珠菌数量就有所下降，在口服牛乳铁蛋白后的第 7 天舌部损伤已明显被改善。因而不论从肉眼还是显微镜观察，均确认口服乳铁蛋白及其胃蛋白水解产物有抑制口腔念珠菌的作用。

上述疾病的感染部位均远离消化道，乳铁蛋白在口服后如何发挥其生理功能已经引起广泛关注。Susumu Teraguchi 等人在老鼠的食物中加入 4% 卵清蛋白（OVA）和乳铁蛋白，通过 ELISA 反应或 SELDI 亲和质谱分析，在血浆入口处检验出少量的 OVA，乳铁蛋白未被检出。在鼠的饮用水中加入 5% 葡萄糖来增加肠道渗透性，发现 OVA 检出量有所增加，而乳铁蛋白仍未被检出；乳铁素结果相同。故可肯定口服的牛乳铁蛋白及其较大分子片段均不被鼠肠道所吸收。

2. 口服乳铁蛋白生理功效的机制研究趋势

1994 年，Susumu Teraguchi 等人首次报道了口服牛乳铁蛋白可显著抑制老鼠肠道中肠杆菌的增殖，而且以含有 0.5% 牛乳铁蛋白的牛乳连续喂养老鼠 18 天，其表现的抑菌效果同样明显，说明牛乳铁蛋白的抑菌性可长时间维持。另外，分别加入天然、缺铁和铁饱和牛乳铁蛋白的牛乳，口服后最初 2 天粪便中细菌数量无明显差异，而且发现牛乳铁蛋白及其水解物对于各种肠杆菌具有同样的抑菌效果，故认为牛乳铁蛋白的抑菌作用与其螯合铁的能力和牛乳铁蛋白的三级结构并无直接关系。

口服乳铁蛋白对于肠道黏膜免疫的影响已被一系列试验所证实。

以每天 100 或 300mg/kg 的剂量口服乳铁蛋白 7 天，发现小肠上皮细胞的 $CD4^+$、$CD8^+$ 明显增加，肠道上皮细胞内 IL - 18 也有所增多。脾和体表血液中，$CD4^+$、$CD8^+$、自然杀伤细胞抑制剂及其抵御 Yac - 1、结肠癌的细胞毒素的活力均有所增强。另外，对 36 名患慢性丙型肝炎的患者以每天 600mg 的剂量连续进行 1 年口服牛乳铁蛋白的重现试验，发现人体血清中 IL - 18 的含量和体表血液中 Th1 细胞含量分别在口服牛乳铁蛋白后 3 个月和 1 个月增至最高。已证实，人口服牛乳铁蛋白后也同样会引起在小肠中 IL - 18 的产生。由于 Th1 细胞与 Th1 细胞素（IL - 18）的反应与丙型肝炎毒素（HCV）的清除有关，所以口服牛乳铁蛋白可用于丙肝的辅助治疗。分别对患有肿瘤和正常的老鼠进行重组人乳铁蛋白（rhLf）口服试验，发现肠道内 IL - 18 生成量增加，体系中自然杀伤细胞被激活，循环的 $CD8^+$ T 细胞增多。口服牛乳铁蛋白促进了肠上皮细胞中 IL - 18 及黏膜表面上皮层中 IFN 的产生，增加 CD4$^+$、CD8$^+$ 和肠黏膜的自然杀伤细胞的数量，从而提高肠道免疫功能。

口服乳铁蛋白也可影响系统或体表免疫。老鼠口服乳铁蛋白后，肠液中 IgA 和 IgG 的数量及派尔集合淋巴结和脾细胞增殖数量均有所增加。众所周知，抗肿瘤药物环磷酰胺（CP）也是一种免疫抑制剂，会导致形成抗体细胞数量减少，体液免疫反应减弱。对 CP 导致的免疫低下鼠进行口服牛乳铁蛋白生理试验，发现 CD3$^+$、CD4$^+$、免疫球蛋白、脾细胞数量增多，腹膜巨噬细胞数量恢复，评估与刀豆素 A 的增殖反应和美洲商陆分裂原（PWN），证实脾细胞活力有所增强，即口服乳铁蛋白恢复了免疫妥协老鼠的体液免疫反应。另外，口服乳铁蛋白增强了体液因子从脾细胞中分泌，进而导致巨噬细胞杀灭真菌能力的增强。

综上所述，摄取消化后的乳铁蛋白可能通过受体调节机制，刺激肠上皮细胞（IEC）和与肠有关联的淋巴组织细胞（GALT），通过 IEG 或 GALT 细胞介导，调节 IL-18 和其他细胞因子的产生。这些分子被释放于血液中，进而影响到体内循环的白细胞，或直接刺激 GALT 内的白细胞。口服乳铁蛋白增强了系统和体表及肠黏膜对于病原体及其组分的免疫反应，这些免疫反应增强是共同作用的结果，其机制与病原体的清除、症状减缓和感染疾病时体内平衡维持均有关联。但也有关于不同的口服方式对于黏液和免疫反应会产生不同效果的研究，Sfeir 等学者通过研究证实乳铁蛋白不同的口服模式（尤其是食品配方组成不同）对老鼠黏膜系统免疫反应有着不同的影响。例如，在食用无菌水中添加乳铁蛋白对于老鼠先天性和适应性免疫反应几乎没有影响。

3. 乳铁蛋白在食品体系中应用的最新进展

基于乳铁蛋白的特殊生理功能及其口服功效研究，目前乳铁蛋白已经在食品行业中得到应用。

三、乳铁蛋白的食品营养和免疫功能

乳铁蛋白是乳中自带的微量活性免疫物质，母乳中含量较高。从牛乳母乳化角度看，在婴儿配方乳粉中加入适量的乳铁蛋白，更利于婴儿肠道细菌的正常化。自 1986 年乳铁蛋白首次被加入婴儿配方奶粉后，世界上已有很多添加乳铁蛋白的婴儿食品问世。在婴儿奶粉中添加牛乳铁蛋白能够提高婴儿对铁的吸收率，提高免疫力，增加抗病毒能力，这一点已经得到证实。而且对于出生时不足重量的婴儿，喂食富含乳铁蛋白的婴儿配方奶粉可促进双歧杆菌成为肠道优势菌群。

第五节　天然的降血糖物质——胰岛素样生长因子

国内外已经基本确定了口服胰岛素样生长因子的动物、人体功能性实验结果，认为口服胰岛素样生长因子具有降低血糖水平、增强机体免疫力、调节人及动物肠道菌群、促进胃肠道生长发育或肠道组织创伤的愈合等生理功能。牛初乳中富含胰岛素样生长因子，这对于广大的糖尿病患者而言，无疑是一种天大的喜讯。

胰岛素样生长因子具有类似胰岛素的功能，能够调节血糖，促进脂肪、糖原、蛋白质合成，可以刺激 RNA 和 DNA 合成以及细胞增生。同时胰岛素样生长因子也是动物生长的直接调节剂，可促进胃肠细胞的增殖，提高小肠黏膜质量以及绒毛长度，增加养分吸收率。近年来还发现胰岛素样生长因子参与多种神经递质的调节及神经元的生长，具有促进神经元及胶质细胞等增生、分化和营养的作用。因而，胰岛素样生长因子作为一种功能性因子具有广阔的应用价值和开发前景。迄今进行了一系列动物口服胰岛素样生长因子的试验，证实了口服胰岛素样生长因子的生理功效。

一、口服胰岛素样生长因子对糖尿病动物的生理功效

糖尿病大鼠每天口服牛初乳短链胰岛素样生长因子（15μg/kg 体重）治疗 5 周后，糖尿病大鼠血糖降低了 23.9%，心肌细胞钙离子含量显著降低，达正常水平。此实验结果显示，牛初乳短链胰岛素样生长因子能逆转心肌细胞钙离子浓度的升高，这为糖尿病心肌病变提供了一种可能的预防措施。

孙侃等给正常和链脲佐霉素（STZ）糖尿病大鼠口服牛初乳短链胰岛素样生长因子（15μg/kg 体重）达 32 天。结果发现：口服牛初乳短链胰岛素

样生长因子后对正常鼠的血糖无影响，但可使糖尿病鼠的血糖显著下降；口服短链胰岛素样生长因子后糖尿病大鼠血清胆固醇和甘油三酯均显著降低；糖尿病大鼠口服胰岛素样生长因子后血清胰岛素样生长因子水平明显升高；对正常及糖尿病大鼠的肾脏无不良影响，对其还有保护作用。此结果表明，牛初乳短链胰岛素样生长因子具有降糖、降脂、改善物质代谢的作用，且对糖尿病大鼠的肾脏有保护作用。

叶红英等每天给实验组大鼠口服含牛初乳短链胰岛素样生长因子 13μg 的牛初乳制剂 50ml，5 天实验结束。糖尿病大鼠血清中胰岛素样生长因子有所升高，但仍低于正常对照组。提示小剂量的外源性胰岛素样生长因子治疗是一种"替代治疗"，有改善糖尿病大鼠代谢、心肌结构的作用。

口饲胰岛素样生子因子对胃肠道的功效在鼠、牛、猪等动物试验中均有报道。

口服胰岛素样生长因子对动物胃肠道生长、发育的功效研究结果发现，口饲胰岛素样生长因子 1 或 2 处理可使胃 DNA 含量、胰腺 DNA 和 RNA 含量、胰腺重量以及小肠隐窝细胞增殖速率显著增加。

未吮乳的初生仔猪分别口饲高浓度及与初乳等浓度的胰岛素样生长因子，发现高剂量的胰岛素样生长因子使小肠的重量、蛋白质和 DNA 浓度有较大幅度的提高，而正常浓度的胰岛素样生长因子可显著刺激仔猪回肠绒毛生长，提高乳糖酶和麦芽糖酶的比活性。新生仔猪日粮中按 2mg/L 添加重组人胰岛素样生长因子，仅 24 小时就能明显提高胰腺 DNA 的含量和小肠隐窝细胞的繁殖，大剂量添加胰岛素样生长因子（10～20mg/kg 体重）可增加小肠的重量、蛋白质和 DNA 的含量以及绒毛的高度。Alexander 发现，新生仔猪口服胰岛素样生长因子可刺激肠道上皮细胞和腺管细胞增殖。仔猪口服重组人胰岛素样生长因子（连续 4 天，剂量为每天 3.5mg/kg 体重）强化营养素、电解质的吸收，空肠 Na^+ 等离子运输、吸收速率增加。口腔管饲胰岛素样生长因子 -1 可刺激麦芽糖酶、乳糖酶和氨基肽酶的活性，促进了幼仔结肠发育、成熟。国内的研究也取得了重要进展。周杰等研究了重组人胰岛素样生长因子粗制品对仔鼠胃、小肠生长及免疫功能的影响。实验表明，口服重组人胰岛素样生长因子可促进小肠细胞的分裂，增加细胞数量，且还能增强机体免疫功能。

二、口服胰岛素样生长因子对动物胃肠道愈合的功效

有资料表明，进入胃肠道的胰岛素样生长因子不但不会被消化，还能促进回肠绒毛细胞的有丝分裂和增强小肠双糖酶的活性。部分肠切除的小鼠经口服胰岛素样生长因子可促进切口处细胞增生，加快切口修复。

牛初乳（含 2mg/L 的胰岛素样生长因子）能减轻吲哚美辛所致的胃损伤小鼠胃黏膜损伤程度。单用吲哚美辛小鼠的小肠绒毛长度缩短了 25%，而以 10% 初乳管饲的小鼠小肠绒毛长度仅缩短了 5%，说明牛初乳能减轻吲哚美辛所引起的小肠黏膜的损伤。

Egger 等第一次证实经口喂养胰岛素样生长因子能够显著促进肠道的吻合。在术后康复的前 6 天，胰岛素样生长因子能够提高肠道胶原质的稳定性。服用胰岛素样生长因子能够降低黏膜层的厚度。研究中发现，服用胰岛素样生长因子后胶原质着色点（collagen staining）提高，与细胞分离相关的结肠隐窝深度和 BrdU 染色细胞都明显增加。根据这些发现，可以认为胰岛素样生长因子能够通过促进肠道上皮细胞的分离而加快肠道吻合。同时，首次发现服用胰岛素样生长因子后，能产生酸性黏液的杯状细胞的数量大大增加，从而加快治愈过程。对术后第一周内喂养胰岛素样生长因子的老鼠进行研究表明，伤口吻合位点激烈的反应减少，归因于黏液保护作用。

此研究结果能够为一种新的、有效的治疗肠道吻合方法的建立提供一些有益的启示。与肠道吻合损伤（anastomotic leaks）有关的发病率、死亡率都可得到降低，尤其是那些患有糖尿病、大肠炎或者那些需要长期服用类固醇治疗的患者。如果进一步的研究能表明胰岛素样生长因子在宿主免疫缺失的情况下，可提高吻合速度，则可能彻底改变传统的治疗方法。

三、口服胰岛素样生长因子促进肠道对谷氨酸盐吸收

Alexander 等发现新生的小猪经口喂养重组人胰岛素样生长因子能够提高小肠中钠离子、钾离子以及含钠离子的葡萄糖、丙氨酸的吸收率。新生小猪连续 4 天经口喂养重组人胰岛素样生长因子（浓度为 3.5mg/kg 母猪乳代替

物）后肠道表皮对谷氨酸的吸收率能够提高。而且，无论是体内的慢性实验还是体外的快速实验，胰岛素样生长因子都能提高与钠离子一起被运输的几种不同的营养素吸收率。

四、胰岛素样生长因子在食品中的应用

基于胰岛素样生长因子的特殊生理功能及其口服功效研究，目前胰岛素样生长因子已经在食品行业中得到应用。苏喆等观察了 1999 年 9 月至 2000 年 4 月无围产期并发症的足月新生儿，出生后坚持母乳喂养的研究显示，初乳中胰岛素样生长因子浓度仍与身长、体重和头围增长（ΔSDS）呈正相关（$P = 0.004$），提示初乳中胰岛素样生长因子浓度除了促进乳汁分泌、保证泌乳维持外，母乳中的胰岛素样生长因子作为一种营养调节因子，还通过其他途径参与新生儿生长的调控。因此，从牛乳母乳化角度看，在婴儿配方乳粉中加入适量的胰岛素样生长因子，将更利于婴儿肠道细菌正常化。

在 20 世纪 80 年代后期，牛初乳补剂就成为运动员的一种非常重要的营养补剂。服用胰岛素样生长因子能够促进肌肉蛋白质的合成。初乳补剂能提高血浆中胰岛素样生长因子的浓度，而胰岛素样生长因子能促进肠细胞的成熟。口服含胰岛素样生长因子（2mg/kg）的牛初乳（每天 60g）4 周后，血浆中胰岛素样生长因子含量提高了约 7%。

Playford 通过临床实验证实，脱脂牛初乳粉能够减缓非甾体抗炎药导致的结肠渗透性（胃肠道创伤程度的衡量指标）的升高。试验表明，在持续用药期间，结肠渗透性并未受到供试溶液（含有药物与牛初乳）的影响。说明牛初乳可以预防非甾体抗炎药诱导的胃肠道损伤。

由于人或动物肠道的复杂性，口服胰岛素样生长因子功效的发挥，仍有赖于与其他生物活性物质的共同作用。但是，胰岛素样生长因子在调节血糖水平、调节机体免疫力、调节人与动物肠道菌群，促进胃肠道生长发育或肠道组织创伤的愈合等方面已经显示了重要作用。目前国外正在将重组人胰岛素样生长因子开发成治疗抗胰岛素糖尿病及糖尿病性肌萎缩的新药，并已经得到美国 FDA 的批准。牛初乳胰岛素样生长因子由于其活性比重组人胰岛素样生长因子高 10 倍以上，又没有副作用，因此更具有开发成新药的价值。

第三章

点燃生命的阳光
——初乳

初乳是自然界赋予生命最重要的第一份食物，它可以影响初生宝宝甚至其一生的健康，这是任何后期食物均无法替代的，因而世界卫生组织（WHO）及各国政府大力提倡初乳喂养。2000 年，初乳被美国国际食品技师协会（IFT）列为最具开发潜质的天然保健食品，是大自然送给 21 世纪人们的珍贵礼物。

第一节　初乳——母亲给予孩子的第一份馈赠

从两个细胞的结合，到 10 个月艰辛的孕育，再到一朝分娩孩子呱呱坠地。生命是父母双方给予的，初乳却是母亲给予孩子的第一份馈赠。

生养过孩子的家长都会有这种切身体会，孩子在从出生到 6 个月前生长速度最快，体质比较好，而且不容易生病。可一过 6 个月，很多疾病就像赶集一样接踵而至，感冒、发烧、肺炎……孩子小不懂事，不舒服了只会又哭又闹，家长更是像热锅上的蚂蚁心焦、烦躁。

对年轻的父母来说，孩子多病，是令人既担心又无奈的事。吃了很多滋补品和营养品，还是弱不禁风，打针吃药已经成了这些孩子的家常便饭。

孩子体质差，经常感冒发烧去看病，动辄几百上千，还不算带孩子去看病的误工费、交通费等，若用同样或更少的钱，既能使孩子少受病痛困扰，确保孩子健康成长，又能让父母少操心，有谁会不乐意呢？

其实，要想孩子健康成长，彻底增强孩子的免疫力、改善其体质才是根本。

一、孩子易生病，免疫功能不健全是关键

那么，免疫力到底是什么？又有什么方法能够提高孩子的免疫力呢？

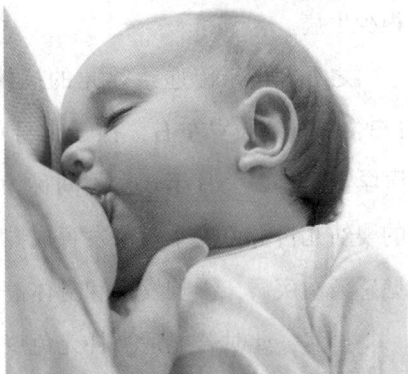

免疫力是人体自身的防御机制，是人体识别和消灭外来侵入的任何异物（病毒、细菌等），处理衰老、损伤、死亡、变性的自身细胞以及识别和处理体内突变细胞和病毒感染细胞的能力。现代免疫学认为，免疫力是人体识别和排除"异己"的生理反应。

我们的生活中充满了各种各样的微生物：细菌、病毒、支原体、衣原体、真菌等等。在人体免疫力不足的情况下，它们都可以成为病原体。

科学研究发现，真正能提高孩子免疫力的是免疫球蛋白。通常，感冒、流感、肝炎等是由病毒引起的，抗生素不仅无法有效杀死病毒，而且还会带来很多副作用，抗体是人体中最有效的对付病毒的物质。

一般来说，孩子出生后，其体内的抗体免疫球蛋白（主要为 IgG）几乎都是由母亲在孕期通过胎盘传递以及哺乳期通过乳汁给予的，借助妈妈的无私关怀，其体内的抗体水平才得以与成人接近，因而，婴儿出生后头几个月很少生病。

之后，母亲传递给婴儿的抗体逐渐消耗，两三个月后约降为出生时的 1/3，一直到 6 岁左右，孩子自身免疫系统发育健全后才接近成人水平。在医学上，将 3 个月至 6 岁之间称为"生理上的免疫功能不全期"。这一时期的婴幼儿自身免疫系统未发育成熟，抵抗力差，易患感冒、腹泻、肺炎等常见感染性疾病，影响发育和身体健康。

显然，此时若能适当补充免疫球蛋白，强化孩子的免疫系统就可以预防这些疾病的发生。有些医生建议父母给婴幼儿打免疫球蛋白针，但出于血液交叉感染因素（甲肝、乙肝、艾滋病等）考虑，显然是不理想的，父母不愿意给孩子使用是容易理解的。

二、初乳——婴儿出生后收到的第一份礼物

母乳是婴儿最自然、最安全、最完整的天然食物，它含有婴儿成长所需的所有营养和抗体，特别是母乳含有 50% 的脂肪，除了供给宝宝身体热量之外，还满足宝宝脑部发育所需；丰富的钙和磷可以使宝宝长得又高又壮；免疫球蛋白可以有效预防及保护婴儿免于感染及慢性病的发生；比非得因子和寡糖可以抑制肠道病菌增生和帮助消化。除此之外，哺喂母乳的亲密接触和

亲子关系可刺激婴儿脑部及心智发育。

妈妈们在哺乳期分泌的乳汁其成分不是一成不变的。根据乳汁成分可分为三个阶段：分娩后5天内分泌的乳汁叫作初乳；5~10天分泌的乳汁叫作过渡乳；10天后分泌的乳汁叫作成熟乳。不同阶段的乳汁适合不同年龄段婴儿需要。

初乳，可以说是在孩子降生后母亲给予的第一份馈赠。母体在分娩后，当胎盘的卵泡激素作用消失时，催乳素的作用即开始，于是开始分泌乳汁。初乳中由于含有β-胡萝卜素故色黄，感观不佳，有异臭，味苦，黏度大，热稳定性差。初乳除了含有由于吞噬作用所摄取的脂肪淋巴细胞（初乳小体）外，还含有乳腺细胞和来自导管的细胞碎片以及细胞核等。因初乳中磷酸钙、氯化钙等盐类的含量较多，所以有轻泻作用，初乳比成乳的热量要高。

有些人受旧观念的影响，认为分娩后最初分泌的乳汁是"脏"的，或认为初乳没有营养价值，挤掉后丢弃了，这很可惜。初乳不仅不"脏"，反而最富有营养。它们对新生儿机体免疫有增强作用，可预防新生儿感染。而后来的乳汁中各种细胞成分随着时间的延长而日趋下降。另外，初乳中含的脂肪量没有成熟乳高，这正好和刚出生的婴儿胃肠道对脂肪的消化和吸收能力差相适应。初乳中锌的含量也很高，据测定，分娩后12天内的乳汁中含有大量锌，平均浓度为血清锌的4~7倍，此后乳汁含锌量迅速下降。锌对促进小儿生长发育有好处。初乳虽然量少、稀淡，但对新生儿是极重要的。喂母乳的孩子在生后半年以内很少生病，就是接受了母乳中抗体的缘故，这其中也有初乳的功劳。

初乳较浓稠，量少，微黄，含有特别多的抗体，人乳中含有的IgG、IgA和IgM，以初乳（产后2~5天内的乳汁）中浓度最高，其中分泌型IgA（SIgA）是所有外分泌液中含量最高的，随泌乳期延长，IgG和IgM含量显著下降。SIgA在成熟乳（产后11天~9个月的乳汁）中的含量也有明显下降，但由于成熟乳的泌乳量增加，婴儿摄入SIgA的总量并无明显减少。此外，人乳中尚含有多种抗体，主要成分为IgA。这些抗体分布在婴儿的咽部、鼻咽部和胃肠道局部黏膜表面，中和毒素、凝集病原体，以防其侵入人体。乳铁蛋白在人乳中含量丰富，明显高于牛乳，能与细菌竞争结合乳汁中的元素铁，阻碍细菌的代谢和分裂繁殖，而达到抑菌效果，在预防新生儿和婴儿肠道感染中起重要作用，有助于胎便的排出，防止新生儿发生严重的下痢，并且可增强新生儿对疾病的抵抗力。通常在刚开始的时候，新生儿不太习惯吸吮母亲的乳头，此时母亲要有耐性，绝不可放弃。经过几天后，初乳会渐渐变稀，最后成为普通的乳汁。

初乳中的优质蛋白质内有多种抗细菌、病毒和真菌的物质，尤以 SIgA 含量最多，它可以保护婴儿呼吸道和胃肠道的黏膜；初乳中的乳铁蛋白是一种与铁离子结合的糖蛋白，它能阻碍细菌的代谢和繁殖；初乳中还含有丰富的淋巴细胞、中性粒细胞和吞噬细胞，它们能吞噬和消灭各种微生物。因此，初乳可使婴儿获得强大的被动免疫。

吸吮了初乳的新生儿，生理性黄疸的发生率明显偏低，而未获得母亲初乳的婴儿易患腹泻、上呼吸道感染，甚至肺炎。所以，即使母乳不足，也要让婴儿抱奶，以婴儿的吸吮力刺激乳房，促使母乳分泌。但要提醒乳母注意，长期接触噪声者，初乳中抗感染的 IgA、IgM 分泌减少。

1. 初乳的基本特点

初乳中的蛋白质含量远远高于常乳。尤其是乳清蛋白质含量高。初乳内含有比正常奶汁多 5 倍的蛋白质，尤其是其中含有比常乳更丰富的免疫球蛋白、乳铁蛋白、生长因子、巨噬细胞、中性粒细胞和淋巴细胞。这些物质都有防止感染和增强免疫力的功能。

初乳中的维生素含量也显著高于常乳。维生素 B_2 在初乳中有时较常乳中含量高出 3 ~ 4 倍，烟酸在初乳中含量也比常乳高。

初乳中乳糖含量低，灰分高，特别是钠和氯含量高。微量元素铜、铁、锌等矿物质的含量显著高于常乳，口感微咸。初乳中含铁量约为常乳的 3 ~ 5 倍，铜含量约为常乳的 6 倍。

初乳由于其感观不佳，口感微咸，以及热稳定性差等特点，不适用于加工成日常饮用乳。目前市面上也出现了不少初乳产品，主要保留的活性物质是初乳中的免疫球蛋白。

初乳内各种成分的含量与常乳相差悬殊。干物质含量很高，含有丰富的免疫球蛋白、乳清蛋白、酶、维生素、溶菌素等，但乳糖的量较少，酪蛋白的相对比例较少。其中蛋白质能直接被吸收，增强孩子的抗病能力。初乳中的维生素 A 和维生素 C 比常乳中高 10 倍，维生素 D 比常乳中高 3 倍。初乳中含有较高的无机质，特别是富含的镁盐，能促进消化道蠕动，有利于消化活动。

在分娩后的一到两天内，初乳的成分接近于母体的血浆。之后乳汁的成分几乎逐日都有明显变化，蛋白质和无机质的含量逐渐减少，乳糖含量逐日增加，酪蛋白比例逐日上升，经过 6~15 天的时间转变为常乳。

2. 初乳的重要特性

世界卫生组织确认："母乳是婴儿最好的营养食品。"医学界始终未停止对母乳成分和含量的深入研究，为调整母婴膳食结构、优化母婴营养环境提供理论依据。初乳与普通乳汁的主要区别在于其富含免疫因子、生长因子及生长发育所必需的营养物质，是大自然提供给新生命最珍贵的初始食物，其中具有抗病能力的免疫球蛋白含量比成熟乳高 20~40 倍。新生儿摄入后可提高免疫力、增强体质、抵御外界病原侵袭而健康成长。世界公认它可以影响初生生命甚至其一生的健康！

（1）初乳含乳铁蛋白最高

乳铁蛋白是一种具备多种生理功能的蛋白质，对于婴幼儿而言不可或缺。研究发现，母乳中初乳含乳铁蛋白最高，过渡乳和成熟乳依次降低。乳铁蛋白与产妇的营养状况有关，营养状况好的产妇，母乳乳铁蛋白含量较高。含乳铁蛋白的配方奶粉可促进婴儿铁离子转运，从而有利于血红蛋白合成，对预防婴儿贫血的发生具有良好的作用。

（2）免疫活性细胞新发现

尽管越来越多的成分被不断发现，但是人们对于初乳中各种免疫活性细胞的确切作用还不很清楚。通过测定上海地区人乳中免疫活性细胞的分布，分析其免疫学特征后发现，初乳中含有 $CD4^+T$ 细胞，它是一种活化状态的记忆性 T 细胞，对新生儿本就并不成熟的免疫系统是非常有利的。这项研究是针对母乳喂养对新生儿的免疫保护作用的有益探索。

（3）初乳含溶菌酶最高

溶菌酶是婴儿成长必不可少的蛋白质，它在抗菌、避免病毒感染以及维持肠道内菌群正常化，促进双歧杆菌增殖等方面发挥着重要的作用。母乳中初乳含溶菌酶最高，过渡乳和成熟乳依次降低。测定并研究我国产妇母乳溶菌酶含量状况，对指导未来在配方奶粉中添加适宜于我国婴儿的溶菌酶配方十分必要。

第二节　牛初乳——提高儿童自身免疫力的金钥匙

对很多父母来说，孩子经常得病，是最让人担心的事。虽然父母想尽了办法，但孩子的身体仍然没有大的改善，打针吃药更是成了家常便饭。

而且，孩子去医院看病，动辄几百上千，这还不算带孩子去看病的误工费、交通费等，如果能用更少的钱，既能使孩子少受病痛困扰，确保孩子健康成长，又能让父母少操心，有谁会不乐意呢？

其实，要想孩子健康成长，彻底增强孩子的免疫力、改善其体质才是根本。科学研究发现，真正能提高孩子免疫力的是免疫球蛋白。通常，流感、肝炎等是由病毒引起的，抗生素不仅无法有效杀死病毒，而且还会带来很多副作用，抗体是人体中最有效的对付病毒的物质。

一般来说，孩子出生后，其体内的抗体（主要为 IgG）几乎都是由母亲在孕期通过胎盘传递以及哺乳期通过乳汁给予的，借助妈妈的无私关怀，其体内的抗体水平才得以与成人接近，因而，婴儿出生后头几个月很少生病。

之后，母亲传递给婴儿的抗体逐渐消耗，两三个月后约降为出生时的1/3，一直到 6 岁左右，孩子自身免疫系统发育健全后才接近成人水平。在医学上，将 3 个月至 6 岁之间称为"生理上的免疫功能不全期"。这一时期的婴幼儿自身免疫系统未发育成熟，抵抗力差，易患感冒、腹泻、肺炎等常见感染性疾病，影响发育和身体健康。

显然，此时若能适当补充免疫球蛋白，强化孩子的免疫系统就可以预防这些疾病的发生。有些医生建议父母给婴幼儿打免疫球蛋白针，但出于血液交叉感染因素（甲肝、乙肝、艾滋病等）考虑，显然是不理想的，父母不愿意给孩子使用是容易理解的。

研究发现，牛初乳中含有丰富的免疫球蛋白，能够直接提高孩子的免疫力，补充免疫系统的不足，减少呼吸道、胃肠道等发生感染的机会；并能促进孩子大脑、骨骼、牙齿发育，使孩子能够健康地成长，直到孩子的自身免疫系统强大起来。

牛初乳容易被吸收，适合孩子的生理特点。近年来，国外对牛初乳的各种功能进行了更深入的研究，并已经得出结论：从各种有效成分浓度及其功效对比情况看，牛初乳对于婴幼儿的功效甚至不亚于人初乳。牛初乳可以为您的孩子提供更多的免疫物质和生长因子。

正因为如此，牛初乳广受年轻父母的欢迎。其实，牛初乳的神奇功效在欧美国家早已是蜚声遐迩，素有纯天然健康"白金食品"的称号。富含抵御病毒和细菌侵袭的活性免疫球蛋白的牛初乳，除了能增强孩子免疫力、减少生病机会外，还有以下功能。

1. 预防龋齿

通常，龋齿是由一种称作变异链球菌的细菌引起的，这种细菌会利用牙齿上残留的食物残渣生长繁殖，伺时分泌酸性物质腐蚀牙齿造成龋齿。调查发现，当今社会孩子患龋齿率很高。

牛初乳含有能抵抗这种变异链球菌的物质，称为"抗变异链球菌抗体"，可中和这类细菌，预防龋齿发生。此外，牛初乳含有的丰富矿物质可促进牙齿生长，确保牙齿能健康发育。

在国外，一些高级漱口水添加了少量初乳成分，对各种牙疾有不俗效果。

2. 促进生长发育

牛初乳能提供丰富的维生素（特别是孩子最易缺乏的 B 族维生素）、蛋白质、矿物质及其他营养素，并含有多种与发育有关的生长因子。经常摄入牛初乳能促进孩子脑部发育，帮助骨骼及牙齿生长，预防贫血发生和生长迟缓，对确保孩子健康成长相当有益。

3. 纠正偏食

食用初乳后，不少人反映它可调整人的食欲。厌食现象是孩子很常见的毛病，主要是因挑食引进的不规律不平衡的进食对摄食中枢不断刺激引起的紊乱状态，对孩子的生长发育构成威胁，由此，常引起营养不良、贫血、智力低下、反应迟钝、多病等，阻碍了孩子的生长，甚至对其今后一生的健康都会有不利影响。

第三节　牛初乳——准妈妈的选择，让孩子赢在起跑线上

初乳中丰富的营养为孕妇活动和腹中宝宝发育所需，更为重要的是，初乳中免疫物质不仅可增强孕产妇自身免疫能力，更可将这种"抗病能力"传递给宝宝，呵护宝宝健康。

孕妇的健康不仅关系到自身的生活质量，更会影响到宝宝的生长发育。特别是妊娠早期孕妇抵抗力相对较差，容易罹患疾病，而且药物以及许多病毒性疾病如风疹、流感、腮腺炎等，均有可能导致胎儿畸形。因而，为了宝宝的健康，孕期保健特别重要，应尽量减少药物摄入量，避免患病。

牛初乳可谓是孕妇的保健良方。作为天然富含活性免疫球蛋白的食物，它除了富含优质蛋白质、必需脂肪酸、矿物质（尤其是钙、磷等）和维生素等营养组分外，还含有更重要的丰富的功能性组分，包括免疫球蛋白、乳清蛋白、乳铁蛋白、活性肽、多种酶以及保护这些活性成分免被胃肠道破坏的蛋白酶抑制物、各种生长因子等等。

在动物实验中，饲喂的蛋白酶抑制因子可进入血液，出现在分泌的乳汁中。

初乳组分可调节和增强机体免疫力，诱导干扰素产生，直接或间接与细菌病毒结合，起到抗菌、抗病毒作用，从而显著增强孕妇抗病能力，提高她们抵抗流感、肺炎、腹泻、风疹等各种疾病的能力，并且绝无副作用，不会给母亲和宝宝带来任何不良影响。

科学研究证实，IgG 是唯一一种能够通过母亲胎盘传递给腹中宝宝的免疫球蛋白，使孩子将来出生后就具有最初的免疫力。

孕妇经常食用牛初乳，其中丰富的营养（如蛋白质、钙等）可提供孕妇和腹中宝宝发育所需；而且通过吸收或摄食牛初乳引发的机体免疫反应均会增加血液中的 IgG 抗体浓度，不仅可增强孕妇自身免疫能力，使之不易生

病，更可通过胎盘传递给腹中宝宝，这样的宝宝会健康发育，出生后免疫系统也更加强壮，身体会更加健康，不易生病。另一方面，产妇食用牛初乳后，诱发机体产生的免疫球蛋白也可通过乳汁直接传递给胎儿，使其免疫力得以提高。

第四节　牛初乳——中老年人延年益寿的不二选择

科学家估计，人的自然寿命至少120岁，然而，2015年统计的世界人均寿命为71.4岁。机体免疫功能不够强大、导致循环性器官退化是致使人类"英年早逝"的重要原因。而牛初乳可更新、修复人体组织细胞，调节血糖和新陈代谢，使人充满活力、身体健康，延缓衰老。

对正常人来说，随着年龄增大，体内免疫物质和生长因子等的生成速度逐渐下降。体内生长因子减少，皮肤将逐渐失去弹性，脂肪积累、骨头变脆、肌肉收缩，人会逐渐衰老。而免疫物质减少，又会更加促发这种衰老过程。

国外对身体老化程度和年龄进行研究表明，RNA是人类营养中最重要的保持青春因子之一。患者多吃富含RNA的食物，可以维持健康，保证能量水平，减缓身体老化的速度。而牛初乳中富含生长因子，可有效刺激DNA、RNA的合成、修复。另外，研究人员还发现初乳中的胰岛素样生长因子可阻止蛋白质被破坏，促进DNA、RNA的合成以及蛋白质的修复。初乳中的生长因子还能直接补充身体所需，减缓这种衰老趋势。同时更新人体组织细胞，修复肌肉、骨骼、皮肤及身体其他组织，另外，牛初乳还可恢复肌肉和皮肤弹性，减少皱纹和老人斑的生成，具有明显的抗衰老作用。

再者，中老年人由于身体器官功能的退化，很多疾病也会随之而来，比较

普遍的就是高血脂、高血压、高血糖等三高症状，还有风湿、类风湿关节炎、心脑血管疾病等。这些疾病虽然不会马上对生命构成威胁，但却犹如一颗颗定时炸弹，始终是广大中老年人心头的一个羁绊。牛初乳中的各种生长因子，诸如胰岛素样生长因子、转化生长因子、免疫球蛋白等营养和功能物质，能起到调节血糖和新陈代谢，改善心肺功能，平衡人体免疫环境的效果，使人充满活力，身体健康。

不远的将来，事实将会向世人证明：服用牛初乳同时结合适当的营养、锻炼、睡眠，可延年益寿。

第五节　牛初乳——对亚健康说 "不"

在社会飞速发展的今天，"亚健康"已经成为一个热门话题，成为我们始终挥之不去的梦魇。

亚健康究竟是什么？世界卫生组织将亚健康称为"第三状态"，并对此有一个定义，将机体无器质性病变，但是有一些功能改变的状态称为"第三状态"，这就是我们熟知的"亚健康"。亚健康即指非病非健康状态，这是一类次等健康状态，是介于健康与疾病之间的状态，故又有"次健康""中间状态""游离（移）状态""灰色状态"等称谓。实际上就是人们常说的"慢性疲劳综合征"。因为其表现复杂多样，国际上还没有一个具体的标准化诊断参数。由于都市生活的不良饮食、生活习惯、环境污染，导致体内酶大量缺失，体内毒素沉积，从而影响到机体健康。

亚健康的特征包括：功能性改变，而不是器质性病变；体征改变，但现有医学技术不能发现病理改变；生命质量差，长期处于低健康水平；慢性疾病伴随的病变部位之外的不健康体征。

一、导致亚健康的原因

1. 饮食不合理

当机体摄入热量过多或营养贫乏时，都可导致机体失调。饮食结构不合理，工作节奏快，没时间做饭，很多年轻人选择叫外卖或者吃快餐，摄入食物的营养结构大多不合理，高脂肪高能量，含油量也超标，时间长了势必会影响健康。

2. 休息不足，特别是睡眠不足

起居无规律、作息不正常已经成为常见现象。对于青少年，由于网络、游戏等娱乐，以及备考熬夜等，常打乱正常的生活规律。成人有时候也会因为娱乐（如打牌、麻将）、看护患者或工作等原因而影响到正常休息，或者因为工作和生活压力导致失眠。长期睡眠不足对健康的不良影响应该得到足够的重视。

3. 过度紧张，压力太大

特别是白领人士，平时工作压力大，整日坐在办公桌前，运动不足，长期如此导致体力透支，易致亚健康状态。

4. 长久的不良情绪影响

由于工作和生活的压力越来越大，人们在情绪上的波动会引起内分泌失调，严重的还会引起正常的身体功能紊乱或衰退，导致心脑血管疾病等，损害健康。

二、牛初乳对亚健康人群的帮助

牛初乳中含有的五大免疫球蛋白，能够增强亚健康人群防病、抗病的能力，确保他们在抵抗力薄弱的时候健康状况不向病态转化。另外，牛初乳中富含的七大生长因子，能有效调节人体的内分泌和内循环，让由于工作与生活压力造成的内分泌失调恢复常态。

另外一个最重要的方面，就是牛初乳中所含的多种营养成分，可以为亚健康人群提供充足的营养，并且增强机体对营养元素的吸收、利用。亚健康的本质中非常突出的两点，就是营养缺乏和休息不足，牛初乳中富含铁、锌、铜、锰、磷、钠、钙、钾、镁等元素和维生素 A、维生素 E、维生素 B_2、维生素 B_{12}、叶酸、胆碱、乳酸、烟酸和多种酶等身体所必需的营养物质，能够补充和均衡亚健康人群的营养状况，从改善营养缺乏方面让亚健康现象得以缓解。另外，牛初乳中含有的神经营养生长因子、转化生长因子、牛磺酸、赖氨酸、胆碱等活性物质，可以促进大脑神经细胞代谢，让代谢废物能够及时被清除，从而使大脑细胞的代谢处于平衡，能够从清醒状态顺利进入睡眠状态，从而有效改善失眠状况，让身体得到充分的休息，远离亚健康的困扰。

第六节　牛初乳——体弱多病者和术后恢复人群的好朋友

一、帮助体弱多病者恢复健康状态

牛初乳中各种丰富的营养物质和免疫球蛋白，不仅能够缓解亚健康状态，还能为体弱多病者恢复健康提供更好的辅助作用。

如今，随着生活水平的不断提高，工作生活压力的不断增大，很多人都患有不同程度的疾病，比如我们常见的三高（高血脂、高血压、高血糖）、胃肠道疾病、肝部疾病、呼吸道疾病、心脑血管疾病等，虽然这些病可能不致命，但却对患者的日常生活造成了很多不必要的痛苦。还有一些人由于身体免疫力比较薄弱，只要有流感发生，就会有感冒发烧的症状，也让他们苦不堪言。

牛初乳对于我们常见的三高症状有明显的改善效果。牛初乳中的胰岛素样生长因子和转化生长因子能够帮助糖尿病患者修复胰岛细胞，增加细胞的数量和活力，促进人体血糖的正常代谢，让糖尿病患者的健康得以保证。而牛初乳中的酪蛋白降血压肽能够阻碍血管紧张素转化酶对于血管收缩导致血压升高的作用，对高血压患者维持正常血压有着非常重要的作用。对于患有高血脂的朋友们，牛初乳中丰富的抗体能中和、清除肠道内的有害菌，加速胆酸代谢生成胆盐排出，促进胆固醇的异化排泄，减少外来脂质的吸收，降低血胆固醇和血脂水平，达到防治心脑血管疾病的目的。

牛初乳所富含的各种免疫球蛋白、生长因子和多种营养成分，非常有助于各种疾病症状的减轻和改善。如牛初乳对肠道细菌的免疫活性和低聚糖的抗病毒活性，可以直接杀死胃肠道中的病原微生物，防止慢性胃肠炎的发生；牛初乳营养组分的一部分可直达直肠，促进肠蠕动和肠道吸收，使肠道菌群达到动态平衡，防止腹泻和便秘；对肝病患者来说，牛初乳中大量的免疫球蛋白和转化生长因子，能有效地抑制乙肝病毒的复制，甚至可以增强自然杀伤细胞的活性，直接清除乙肝细胞。

对于经常感冒发烧、免疫力低下的人群来说，牛初乳更是健康的保护神。牛初乳中富含的五大免疫球蛋白，能显著提高人体的自身免疫力，增强抵御外界病菌攻击的能力，远离感冒发烧的困扰，拥有健康幸福的生活。

二、协助术后人群的快速恢复

对于经历过手术的人来说，一场手术可谓是元气大伤，经常需要很长时间才能恢复过来。而牛初乳中富含的纤维细胞生长因子，能有效促进术后伤口的愈合。

纤维细胞生长因子是一种多功能强力细胞因子，对促进成纤维细胞的代谢和胶原蛋白的形成发挥着重要功能。纤维细胞生长因子能促进皮肤组织的生长繁殖，它通过与细胞表面特异受体结合，调控皮肤上皮、内皮和基质细胞的分裂、繁殖和生长分化，促进细胞代谢，增强氧化作用；能促进与皮肤损伤有关细胞的迅速生长繁殖，并调节细胞间基质的合成、分泌及分解；能促进角质层细胞的再生，加速皮肤角质层和基质层的修复，促进人体皮肤细胞的生长；能增强皮肤细胞的蛋白质合成和细胞代谢，具有延缓皮肤细胞衰老、促进表皮细胞的修复和生长作用。

患者在术后初期，由于消化功能尚不完善，对摄入的营养有极高的要求，而牛初乳中的多种营养成分能为术后患者提供足量的营养供应，有效地促进营养平衡；免疫球蛋白能为患者提供有效的免疫防护，更好地保障患者的康复。

第四章

铸造健康的新希望
——牛初乳

科学家估计，人的自然寿命至少120岁，然而，机体免疫功能不够强大，循环性器官退化是导致人类"英年早逝"的重要原因。

第一节 牛初乳——有益于健康的 "白金食品"

健康是人类永恒的追求。从古到今，人类探索健康长寿的步伐永未停息。

牛初乳，作为一种健康食品，是一种比人类历史更加古老的纯天然食物。初乳对于人的健康益处很多，适用人群广，有关初乳生理功能实验数据近几年才有确切报道。结论震撼人心：初乳具有广谱抗菌抗病毒功能，可从根本上增强机体免疫功能，加速各类伤口愈合，促进脂肪氧化，有助于肌肉复壮和生长发育，增强体质，甚至改善人的情绪。

初乳堪称神奇，对人体非常重要的这么多免疫、生长因子，在初乳中竟然组合得如此完美！

初乳是真正的"白金食品"，它对人体健康的独特益处，已经被大量科学研究和数千年的人类实践所证明。包括人类在内的所有哺乳动物，从出生的第一天开始就在以它为食，我们完全有理由说，正是由它铸造了人类健康的新希望。

牛初乳是迄今唯一现实的初乳资源，大量异源初乳应用研究已经证明，这种珍贵的天然物质不仅对婴儿，而且对各年龄段的人群均益处非凡。

在免疫学实验室里，研究人员验证了牛初乳中免疫球蛋白的生物活性，说明制造活性初乳食品的关键技术已经攻克。由此，我们对初乳产品在中国的应用前景充满信心。

在即将开创的新生活中，牛初乳或许成为您解决健康问题的首选天然保健品。

一、初乳食用越千年

初乳并非一种新鲜事物，而是已有数千年食用历史的天然保健食品。远古时代，人们就已意识到初乳对人类健康的益处；今天，现代科学揭示了初乳的神奇功效和机制，相信在不久的将来初乳具有更加非凡的开发前景，将继续创造一个健康食品的不朽神话。

初乳所具有的提高免疫力、改善人体功能等功效，现在已得到世界医学营养学专家的一致认同和推崇，其实，早在很久以前，民间就已经意识到它独具的功效。

例如，几千年前，印度的 Amnedic 和 Rishis 就已经发现了牛初乳对健康有益，民间将牛初乳制成糖果作为一种灵丹妙药，迄今仍然颇为流行。他们认为奶牛是神圣的，按照派送普通牛奶的途径，牛初乳被挨家挨户递送到台阶上，成为很多家庭治疗疾病的首选药物。

近百年来，北欧斯堪的纳维亚地区一直利用牛初乳制造可口的初乳布丁，并在布丁上面覆盖一层蜂蜜制成甜品，全家享用，并作为一种健康的象征用以庆祝小牛诞生，祝愿人人健康。

在美国，青霉素和其他抗生素出现以前数十年间，初乳被视作一种抗病食物，用它来抵抗病菌消除炎症。

学术界对于初乳的关注则正式始于 18 世纪末，当时研究初乳的西方科学家发现，初乳有益于人和动物幼仔的存活、成长和发育，对疾病的防治具有显著作用。

之后，关于初乳的研究越来越广泛和深入。研究发现初乳免疫物质能包围攻击侵入人体的致病原，促进肠道有益菌群生长和营养消化吸收，直接提高人体免疫力；所含生长因子则能促进新生细胞生长，促进儿童大脑、身体发育及受伤组织愈合、修复，加快病体康复；所含的特殊糖蛋白和蛋白酶抑制物，确保免疫因子和生长因子不受胃肠道消化酶的破坏，使其完整进入肠道发挥特定生理功能。

古药新用，初乳经历科技的磨砺，又一次焕发了青春。

由于牛初乳产量低，且不容易保存，长久以来在印度及欧美地区，社会上层人士才有机会享用。例如印度精神领袖 Rishis 的素食菜单中一直都有牛初乳。科学家与工程技术人员积极研究，终于实现了牛初乳的工业化生产，将产乳区的丰富初乳资源制成终端产品，从而为普通消费者提供了享用这种贵族食物的机会。

二、当代体坛神话的背后

牛初乳作为一种不同凡响的能提高运动员成绩的最佳食品正在市场上悄然流行起来。美国、澳大利亚等国研究人员揭示，他们很早就已经将牛初乳作为运动员的最佳补品，成为外国运动员夺金拿牌的"秘密武器"，而又不必担心有服用违禁药物的嫌疑。

澳大利亚大学的运动生理学家琼·巴利克对 40 名运动员进行为期 8 周的研究发现，与食用一种蛋白安慰剂的运动员相比，每天食用牛初乳的运动员的耐力要强得多。在上半节训练课时，食用牛初乳的运动员表现跟一般运动员无异，经过小休后，在下半节的表现却明显胜过其他运动员，相信牛初乳的神妙之处，是能令运动员体力加快复原。

巴利克说牛初乳可使运动员"跑得时间更长、距离更远"，这对耐力性项目（如足球）有明显益处，他说"你可以在中场休息期间得到更好的恢复，在下半场更有希望战胜对手"。

这所大学所进行的另外一项研究结果表明，与力量项目（如铁饼、铅球和短跑）运动员的训练计划结合起来，牛初乳可以增强运动员肌力，减少身体脂肪，促进肌肉合成。

巴利克说，这种神奇物质还能帮助减肥和医治慢性过度疲劳等病症。他说，体育当局很可能会密切关注牛初乳及其效力，但是巴利克认为没有任何理由禁止运动员公开使用这种物质。根据定义，这只是食物补品，是奶，不是药物。因此，服用牛初乳并不违反赛事规定。

科学家们研究还发现，牛初乳的这种神奇作用在于它含有丰富的免疫物质和生长因子等功能组分。

运动员一直在寻找可提高运动性能、使他们在竞争者中脱颖而出的补剂，初乳的出现可谓"踏破铁鞋无觅处，得来全不费功夫"。最近，初乳已经成了运动领域中大量科学研究的焦点。

在中国，一些优秀的运动员已经发现初乳可以显著改善运动后的恢复状况，使他们能进行时间更长、强度更大的训练。高素质的专业运动队也已经报道了初乳补剂在增强体力、适应性及运动性能方面的益处，并且初乳还可能减少严格训练项目中运动员感染和生病的机会。

三、初乳生理功能及保健功效

正是因为牛初乳富含多种生理活性组分，因而具有提高机体免疫力、改善人体功能等一系列功效。

1. 增强机体免疫力

初乳中含有丰富的免疫物质，经常食用可增强或维护人的抗病能力，其中的广谱抗菌、抗病毒物质（如免疫球蛋白、乳铁蛋白、巨噬细胞、溶菌酶等）能够显著增强人体抵抗流感、肺炎、腹泻等各种疾病的能力。

2. 改善胃肠功能

牛初乳中的主要活性功能组分可清除肠道中病原菌及其所产生的毒素，促进有益菌群的存活增殖和营养的消化吸收，调整肠道的微生态环境，减少胃肠胀气；防治胃肠炎症，促进溃疡愈合；进而减轻免疫系统负担，使先天防御系统能更好地对付肠外其他致病菌，维护人体健康。牛初乳中还含有特殊糖蛋白和蛋白酶抑制剂，可保护功能组分在人体消化道内免受破坏，确保其到达肠道后仍具有功能活性。

3. 抗菌消炎

大肠埃希菌是肠道中发现的最普通的细菌之一。大肠埃希菌有好几种，有些非常危险，会引起腹泻、尿道感染等问题。其代谢废物的毒性也很高，只要发现有致病性大肠埃希菌的地方，肠壁就会发炎。法国科学家研究表明，初乳中 IgG 等免疫物质能抑制大肠埃希菌的生长和增殖；美国阿拉巴马大学研究也发现，初乳中免疫球蛋白、乳铁蛋白、过氧化物酶等能非常有效地控制大肠埃希菌。这些免疫物质通过阻止大肠埃希菌及其高毒性废物黏附到肠壁上，从而防止肠道发炎和腹泻发生。

肺炎链球菌可引起严重肺炎。瑞典哥德堡大学研究发现，初乳中免疫球蛋白之外的其他免疫物质可阻止链球菌黏附到肺的上皮组织，并且这些物质对中耳炎也有一定防治效果。

美国布法罗纽约州立大学的三位医生发现大肠埃希菌、沙门菌、弗氏志贺菌、霍乱菌、肺炎链球菌、百日咳杆菌、变异链球菌等细菌可被初乳中的抗体很好地控制，从而可避免肠炎性腹泻、肺炎、百日咳、龋齿等疾病发生。

可以说，关于初乳免疫物质有助于控制细菌、消除炎症的证据已非常确凿。

4. 抗病毒活性

初乳富含的免疫球蛋白可能成为抗体，而特异性抗体正是摧毁病毒的生力军。

当今世界，看不见、摸不着的病毒对健康来说最具危险性，初乳正是能阻止病毒在体内繁殖的物质之一。流感、疱疹和艾滋病是由病毒引起的，至今尚无特效治疗方法。Isaac Asimov 博士曾在世界病毒会议上提到："直到现在还存在这种可能性，一种病毒的爆发，每年可以杀死百万、千万甚至上亿的人。"病毒一旦突变，想及时研究一种药物来控制一种新形成的病毒几乎是不可能的。

抗生素，一度被推崇为神奇的药物，可用来对付多种细菌性疾病，对单一的已知病毒却无任何控制作用。

抗体，它可以破坏病毒，也只有抗体才能从容应对病毒突变的速度和趋势。

Palmer 博士在 1980 年交给佐治亚州亚特兰大疾病控制中心的关于初乳的研究报告中指出："初乳中含有广谱的抗病毒因子，现已广为人知。"

病毒在人体中最普遍的现象是能致人咳嗽和患流感，并且频繁发生。实践证明，初乳在驱逐这些病毒方面有相当不错的效果。20 世纪 70 年代，在中国妇女初乳内发现存在有对抗流感病毒的专门抗体，曾一度引起学术界轰动。如果您是一位母亲，注意到自己的孩子反复感染，且久治不愈，初乳无疑是最佳选择。

1980 年，英国 Worthwick Park 医院临床研究中心的 David Tyrrell 博士提出，初乳中的抗体可结合到病毒表面预防其感染。初乳中的低聚糖和多糖也可抵抗病毒，干扰这些可怕病原与肠黏膜细胞的结合。

支气管炎和肺炎常由呼吸道合胞病毒引起。当人畜接触这种病毒时，机体根据"记忆"形成相应的保护性抗体（IgG 和 IgA）对抗这种病毒，并通过初乳分泌出来，保护幼仔。

最近，日本北里研究所和企业合作，通过临床试验证实牛奶中的乳铁蛋白能够使丙型肝炎病毒减少，可成为丙肝的一种辅助疗法。研究人员在试验中让丙型肝炎患者每天服用 0.6g 乳铁蛋白（2~3L 牛奶）。3 个月后，患者血液里的丙肝病毒量平均比服用前减少了大约 30%。14 名患者中有 6 名的病毒量减少到一半以下，肝功能得到改善，而且最大的好处在于没有产生明显的副作用。

这些研究充分表明：初乳可以很有效地抵抗很多类型的病毒感染，这一点毋庸置疑。

5. 抗真菌活性

20 世纪 70 年代后期，香港大学进行的一项研究表明，初乳中含有白细胞，在合适条件下，能制造干扰素和血循环淋巴细胞，可望延长晚期艾滋病患者的寿命，并且发现初乳中的白细胞可有效控制很难对付的白色假丝酵母感染。

纽约州立大学的研究人员也表示已发现初乳中的特异性抗体可对抗白色假丝酵母。在寻找对付假丝酵母的天然药物中存在许多困难，这些实验结果确实是令人鼓舞的好消息。

6. 促进受伤组织愈合

初乳中各种生长因子能促进细胞正常生长、加快组织修复和外伤痊愈。当人体接受化疗、受伤或术后，其表皮、肌肉、骨骼等受伤组织的痊愈需要大量生长因子，这类患者摄入初乳后，会直接吸收其中的生长因子，从而促进受伤肌肉、皮肤胶原质、软骨和神经组织的修复，强健肌肉，修复 RNA 和 DNA，平衡血糖，使反应敏锐。

此外，初乳中含有丰富的免疫因子，可攻击侵入人体的抗原，抑制致病菌繁殖，抵抗感染，加快伤患处愈合。因而牛初乳在国外常应用于烧伤、外伤及化疗后的辅助治疗，是一些名医的不传之秘。

经过提炼的初乳，外用于瘢痕表面可做到消痕于无声无息。

7. 强化营养吸收

初乳能提供丰富的维生素、蛋白质、矿物质（特别是钙、磷）及其他营养素。其天然配比均衡，营养容易被吸收，对各类人群来说都不失为最好的营养佳品。例如老人，由于各种原因他们患病危险性更高，其中一个原因是胃肠道功能退化造成营养缺乏，这又会进一步削弱免疫能力。在初乳内发现的酶可支援整个消化过程，帮助营养素吸收和利用。

据说，二战后国民体质普遍增强的日本就非常重视奶在饮食中的重要性，甚至提出"一天一杯牛奶，强壮一个民族"的口号。

向您罗列了这么多有关初乳与人体免疫系统的关系，可以总结为一句话：初乳是大自然专门设计来保护、激活、调节和支持我们的免疫系统的天然食物，特点是高效安全。

第二节　牛初乳——防治现代病和绝症的得力帮手

随着人们生活水平的提高，肉食脂肪摄入增多、汽车代步而致活动量减少、抽烟饮酒等，加之现代化程度越来越高而带来的工业"三废"污染、荧屏辐射、电磁微波等等交相侵袭人类，使我们体内自由基聚集，身体免疫力下降，血液中胆固醇和甘油三酯不能顺畅排出而沉积在血管内，导致冠心病、心绞痛和高血压。如发生在脑部，则形成脑血栓，甚至脑出血。随着血脂增高，肝脏脂肪浸润，以致形成脂肪肝。另一方面，人到中年后，由于生长因子、激素等调节水平下降，特别是胰岛素样生长因子和胰岛素等水平下降，因此对高糖高脂饮食无法调节适应，以致血糖升高，出现糖尿病，2型糖尿病尤为多见，缺乏特效防治药物。生活压力剧增、缺乏锻炼，又常是类风湿病的诱因。

高血脂、高血压、高血糖统称"现代病"的三高症，其危险性相当大，被列入全球十大死因。而且，随着生活水平的提高，这类疾病还呈年轻化趋势发展。因而，"现代病"的防治已成为人类关注的焦点。

对于这类"现代病"，虽然均有专门治疗药物，但一些合成药往往会增加肝脏解毒负担，有一定毒副作用，不宜长期服用。而这类疾病又都是慢性病，需长期防治，要求最好无毒副作用。

一、改善胃肠功能

牛初乳富含免疫物质、生长因子，对人体胃肠道的健康相当有益。经常食用，既可补充所需的营养物质，又可清理胃肠道腐败物质，改善肠道环境，显著提高成人胃、肠、肺保护功能，具有卓越的防治疾病作用。

胃肠道是身体内部与外界接触最频繁的地方，胃肠道功能的好坏直接影响到机体的健康状况。特别是肠道和肺、支气管间存在着固有的关系，因而肠道对人体健康至关重要。

此外，肠道又是人体最易受污染的部分，是致病原和有毒物质进入血液而抑制免疫系统、为将来疾病滋生打下埋伏的基本通道。

作为疾病栅栏的肠黏膜，常常更容易成为有害菌的培育温床。所有从口腔进入的食物，都得在肠道消化、吸收，相对接触到的病原也最多，所以肠道防御的完整及重要性可见一斑。若是肠道黏膜受破坏，则在此形成一"漏洞"，不但病原可长驱直入，更影响到分泌性抗体的产生，病原更可在此繁殖、滋生，进而直接由肠道吸收有害抗原进入血液循环，危害人体。黏膜受破坏常常是由于不当的饮食、过量的烟酒及紧张疲劳、生活压力和化学药物等等引起的，这种破坏无时无刻不在进行着，令人防不胜防。

此外，肠道健康还与"肠道菌群"有关。原本在肠道就存在着正常的微生物菌群，这些菌群间的生物平衡（即好细菌与坏细菌间的种类与数量能维持在一定的比例）是最重要的保护要素，若菌群间平衡良好，则能阻止致病微生物的生长，维持有效、健康的肠道，但这种平衡也常会受到外界因素（如药物、烟酒、饮食等）的干扰而被破坏。

近年来，抗生素、磺胺类药物及抗组胺药的滥用实质上破坏了肠道中的有益菌，使肠道产生高毒性环境，致病菌得以滋生，免疫系统变弱易受伤害，原本正常的防御体系等就会处于崩溃的边缘。如果肠道中平均毒素过量的话，正常的防御体系和清洁组分（如嗜酸双歧杆菌）都处在崩溃的边缘——如果它们还未崩溃的话。

赶在疾病暴发之前，清理致病的环境势在必行！胃肠疾病专家甚至称：如果能清洁或消除肠道腐败物质，仔细照顾好肠道的话，可防止80%以上胃肠疾病的发生。

人体肠道存在局部免疫机制，当有害菌侵入肠道后，会刺激肠黏膜，使肠道的局部免疫系统产生特异性的免疫球蛋白或溶菌酶，控制病原菌的感染和定殖。但这一作用是有限的，当大量致病菌入侵或肠道的局部免疫系统功能失调时，这些有害病原菌就会在肠道中大量增殖，从而导致肠炎等疾病，最常见的表现就是腹泻和溃疡。这时需要外界提供帮助以对付入侵的有害菌。

牛初乳能为人体提供被动免疫保护。牛初乳中的活性功能组分，如嗜酸双歧杆菌、免疫球蛋白等能首先清除肠道中病原菌及其所产生的毒素，促进有益菌群的存活、定殖和营养的消化吸收，调整肠道的微生态环境，可以减少胃肠胀气，帮助消除炎症，促进溃疡愈合，进而减轻免疫系统负担，使先天防御系统能更好地对付肠外其他致病菌，从而有效防治多种疾病，维护人体健康。

1. 作用机制

（1）牛初乳对肠道病毒的免疫活性

腹泻和肠炎多是由轮状病毒感染所致，牛初乳中含有的 IgG 和 IgA 能有效抵抗该病毒。除抗体外，牛初乳中的低聚糖也可抵抗病毒。

（2）牛初乳对细菌的免疫活性

牛初乳能够杀灭具有神经毒性的大肠埃希菌等多种胃肠道内的病原微生物。其中所含的活性免疫球蛋白可直接杀死胃中的幽门螺杆菌，防止慢性胃炎的发生。

（3）中和毒素的能力

牛初乳可中和微生物所产生的毒素，不仅能够抑制多种肠道细菌的活力，还可以防止肠道寄生虫感染。

（4）改善胃肠道、促进生长发育的功能

牛初乳中的免疫球蛋白能够有效抑制胃肠道病原微生物的活性、平衡结肠菌群，从而有效预防结肠感染和癌症。牛初乳营养组分中的一部分可以直达结肠，选择性地促进肠道内有益菌（如双歧杆菌、乳酸杆菌等）的生长与增殖，促进肠蠕动和胃肠道分泌，抑制有害菌的繁殖，使肠道内的菌群达到动态平衡，有效治疗便秘和腹泻。

提高矿物质的生物利用率，防止骨质疏松。牛初乳富含多种蛋白质组分，能与铁、钙等矿物质元素形成复合物，有效促进它们的吸收。

修复受损胃黏膜和溃疡，预防感染和癌症。牛初乳中富含的各种生长因子，可以促进间质及上皮细胞增生、分化、修复，促进受损的胃黏膜修复，减轻胃溃疡患者夜间饥饿时的胃疼程度，加速溃疡面的康复。

2. 参照效果

第一，有效改善胃胀、胃疼、泛酸、恶心、呕吐、夜间疼痛、饥饿疼、打嗝、嗳气、食欲不振等慢性胃炎、胃溃疡症状。

第二，便秘者大便正常，气色红润，色斑减轻甚至消失。

第三，腹泻者大便成形，次数趋于正常，浑身乏力消失，精力充沛。

第四，重度胃肠病患者症状减轻，阻止病情快速恶化，提高生活质量，改善精神面貌。

关于初乳对胃肠疾病的帮助作用，美国的 John Har - Vey 博士曾经讲述了这样一个例子。

一天，他接到为著名的 Dionne 五胞胎接生的加拿大医生的紧急电话，说五胞胎中的两个有严重肠道问题。他考虑这可能是因为母亲没有足够的初乳提供给 5 个新生女婴。于是他带了一些嗜酸双歧乳杆菌到加拿大，这两个女婴食用后即痊愈了。这证实了他的推断。

其实，关于初乳对胃肠功能的改善，已被许多临床应用所证明。

基本说来，初乳通过保护肠道，可使免疫系统解放出来，从而使机体在保护身体其他部分不受有害细菌、病毒及其他物质的侵袭方面更具活力。当今社会，我们的免疫系统正持续超负荷工作，必须照顾好它们，笔者认为，能照顾好我们免疫系统的最好食物就是初乳。

二、消炎止痛保护关节

类风湿关节炎是由持续不断的发炎引起的一种多发性关节炎症，属慢性疾病，一直困扰着许多人，它与平日的保健息息相关。就其发病原因，目前尚无定论，其中以滑膜组织（能分泌黏液润滑关节，减少摩擦阻力，并供给关节养分，促进关节稳定）病变引起自体免疫反应变化的理论较为流行。该理论认为：病毒感染、激素异常、年龄增长、精神肉体受压以及寒冷、潮湿等因素会造成人体自身免疫物质变性成为入侵者（自体抗原），随后人体生成一种物质（抗体）对抗该入侵者。这两种物质在关节内结合，形成复合体，颗粒性白细胞吞食该复合体释放出溶菌酶作用于滑膜，使滑膜恶化发炎。此外，类风湿关节炎的病因也与遗传有关。

近年来，国外科学界证实了牛初乳对类风湿关节炎具有调理、预防和治疗作用。类风湿关节炎常与肠道中的一些有害细菌有关，牛初乳含有引起类风湿关节炎的细菌抗体，可有效中和、清除胃肠道有害细菌及其代谢产物，患者食用后可以增强免疫力，减少发病概率。

波兰的科研人员和美国阿拉巴马大学的研究人员同时发现，初乳中富含脯氨酸的多肽（PRP）有助于治愈或减轻类风湿关节炎。

此外，牛初乳中还含有消炎因子，可在短期内有效控制关节炎的炎性症状。例如，在动物实验中，初乳内的乳铁蛋白用于处理大鼠炎症组织，抑制效率达 50%，炎症局部滑液的白细胞介素 IL－6 水平可降低 94%。

临床研究中发现，经常饮用牛初乳，患者的关节僵硬时间缩短，疼痛、肿胀大大改善。这无疑是类风湿关节炎患者的一个福音。

一位美国妇女患有类风湿关节炎，指关节红肿疼痛，差不多有 15 年不

能脱下结婚戒指了。她吃了牛初乳后，有一天她正在洗碗，突然发现结婚戒指不见了。指关节的红肿减轻了许多，以致手指上的戒指不知不觉地掉到了洗碗水中。她认为是初乳缓解了她指关节的红肿疼痛。

因患类风湿关节炎而坐轮椅的北加利福尼亚一位 72 岁老人，吃牛初乳粉一星期后，非常激动地告诉 Preston 医生"我感到不疼了，几乎可以走路了"。

很多从事保健治疗的医生称类风湿关节炎是无法治愈的，因为它涉及一种免疫体系攻击自身机体组织（尤其是关节）的过程。如果初乳有助于 72 岁类风湿关节炎患者的好转，食用仅一星期后就几乎可以站起来行走，那么初乳必定有助于失衡的免疫系统正常化。

三、降低尿酸改善痛风

痛风则是另一种与新陈代谢和内分泌异常相关的关节炎。经常犯于中年男性和停经后的女性，尤以男性居多。主要与饮食、药物、遗传有关，患者多肥胖并患高尿酸血症。当食物中的嘌呤代谢发生异常，使得尿酸增加而形成高尿酸血症，尿酸在血液中积聚太多导致身体关节出现尿酸结晶，沉积在关节腔内，造成关节炎性反应，而使关节肿胀和变形，即为痛风发作。

牛初乳本身属于嘌呤含量低的奶类食物，可作为补充核蛋白摄取不足的蛋白质来源，且牛初乳含有多种免疫调节因子，可缓解因痛风产生的关节急慢性炎性反应，减轻患者痛苦，相对减少发作频率。

四、调节血糖

糖尿病为一组病因还不十分清楚的内分泌代谢病，高血糖为共同的病理生理特征。患者胰岛素分泌的绝对或相对不足和靶细胞对胰岛素的敏感性降低，引起碳水化合物、蛋白质、脂肪、电解质等代谢出现不同程度的紊乱。临床主要表现为多食、多饮、多尿及体重减轻，且易患多种并发症。

胰岛素依赖型糖尿病（1 型）发病机制大致是病毒感染、遗传缺陷等因素扰乱了体内抗原，使患者体内的 T 淋巴细胞、B 淋巴细胞致敏。非胰岛素依赖型（2 型）糖尿病则好发于 40 岁以上成年或老年人，导致血糖过高的机制较复杂。

但是，无论对于哪种类型的糖尿病患者，营养问题在发病控制与治疗中都显得特别重要。

牛初乳供给的能量控制在仅维持标准体重的水平，并提供了适量的优质蛋白质，维生素、矿物质丰富，其中碳水化合物含量低，且几乎全部为乳糖和其他低聚糖（占总能量的55%~60%），不易于引起血糖波动。

研究证实，牛初乳含有类葡萄糖耐受因子，其中含有铬，是胰岛素正常工作不可缺少的一种元素，参与了人体能量代谢，并可促进非胰岛素依赖型糖尿病患者对葡萄糖的利用。此外，牛初乳中的铜对控制糖尿病病情也有很大的作用。

在一些研究中，摄入牛初乳食品后观察到血清胰岛素样生长因子-1水平增加，而促进了人体对葡萄糖的利用。

牛初乳中的免疫球蛋白等免疫组分可提高糖尿病患者的综合免疫力，减少各种并发症的可能性。富含脯氨酸多肽、转化生长因子和类胰岛素生长因子等可以影响T淋巴细胞和B淋巴细胞活化过程，调节糖尿病患者的血糖浓度，促进药物的疗效，加快病体康复。天然营养素组成模式也极为适合糖尿病患者的营养需求，不失为糖尿病患者的首选食品。

美国一位常规接受56单位胰岛素的患糖尿病的护士，开始口服初乳并将初乳液喷在腿上以加速腿部溃疡的愈合。3天后，溃疡患处就结了痂。当检查血糖水平时，她发现她对胰岛素的需要量减少了。

研究显示，食用初乳的糖尿病患者可在两个方面有好转：首先，是对胰岛素的需求量减少；其次，是体内有毒物质浓度降低，机体的抵抗力增强。

1. 作用机制

牛初乳内的胰岛素样生长因子和转化生长因子能够激活和修复胰岛细胞，增加其数量和活力，促进胰岛素分泌，增加胰岛素受体的数量和活力，促进人体血糖的正常代谢。

有效降低胰岛素抵抗。

多种活性酶和微量元素、活性因子促进外周糖代谢，使三大物质代谢趋于平衡。

增强机体免疫功能，保护胰腺免受病毒、细菌的侵害，防止胰岛细胞的再损伤。

2. 参照效果

第一，有效改善口渴、乏力、尿频等糖尿病症状。

第二，逐步消除糖尿病的并发症。

第三，血糖指数逐渐恢复正常。

第四，长期服用，可以逐渐减少、甚至停止胰岛素注射，并维持正常血糖指标。

五、控制血脂

科学研究表明，牛初乳中含有诸多活性功能组分，对高脂血症及相关的心血管疾病等有显著的防治效果。血脂（主要指胆固醇及甘油三酯）与动脉硬化等心血管疾病有密切关系。当血液中过多的胆固醇及甘油三酯无法顺畅排出时，脂质就会沉积在动脉血管内壁，随着时间的推移，血管壁越来越厚，血液难通过，最终导致动脉被阻塞，称为动脉硬化。动脉硬化发生在冠状动脉时，心脏就无法获得足够的血液以补充氧气和养分，胸部会发生尖锐的疼痛，这种缺血性心脏病称为心绞痛。如果动脉硬化发生在脑部则形成中风。血脂过高还易引起其他一些心血管疾病，如动脉硬化、心绞痛、心肌梗死、冠状动脉心脏病、脑中风、四肢动脉坏死等。

高脂血症必须从日常保健着手，除了注意饮食合理化、参加适量运动及尽量避免抽烟和饮酒之外，多食初乳可谓最佳防治方法。尽管国外采用的是经过生物技术改良的所谓"超高免疫初乳"，但是，根据目前大量初乳文献资料，天然牛初乳在很多情况下具有相同的功效。

首先，初乳含有丰富的抗体，可中和、清除肠道内的有害细菌，调整细菌的种类、数量，提高肠道内碱性，加速胆酸代谢生成不溶性的胆盐随粪便排出，促进胆固醇的异化排泄，减少外来脂质的吸收，可降低血胆固醇和血脂水平，从而阻止动脉硬化关联性疾病的并发，达到预防心血管疾病的目的。

日本学者发现，补充初乳所含的乳铁蛋白可防止胆固醇氧化物堆积，降低幅度高达80%以上。更加有趣的是，研究显示人乳内的乳铁蛋白不如牛乳内的乳铁蛋白有效。含有胆固醇氧化产物的低密度脂蛋白（LDC）与巨噬细胞的结合，将使后者丧失功能，而初乳内含有的大量乳铁蛋白可有效抑制它们的结合。

在现代工业高度发达的社会中，许多因素（如环境污染严重、人们压力较重等）均易导致人体产生过氧化物并积累起来，对血管壁造成伤害（若有损伤很容易造成粥状肿）。

牛初乳含有天然的过氧化物分解酶，例如超氧化物歧化酶（SOD）和乳过氧化物酶等，阻止过氧化物生成；乳铁蛋白等则可减少自由基损害效应，避免血管深度受损，预防动脉硬化的发生及恶化。

牛初乳中含有的巨噬细胞，可改善或清除血管壁上的粥状肿，避免血管栓塞引起脑中风或心肌梗死等疾病。牛初乳中还含有消炎因子，当血管受损产生炎症时，它会起到消炎作用，加快血管壁愈合，从而减少粥状肿形成的可能性。

六、调压降压

研究发现，正常的生理状况下，血管壁内表皮细胞可以产生不同的"活性血管张力调节因子"来调节血管平滑肌的收缩与扩张，从而维持恒定的血压。20世纪90年代后，科学家发现血管内壁的内表皮细胞层可以释放"内表皮衍生舒张因子"（即一氧化氮）而达到舒张血管降低血压的目的。人体内的精氨酸和一氧化氮合酶一部分为人体所固有，另一部分则是在淋巴因子或免疫反应刺激人体后产生的。因此，作用机制为活性因子直接作用于血管壁而调节血压；或者活性生理因子通过调节体内免疫系统，使其分泌淋巴因子，从而刺激体内合成一氧化氮合酶，通过一氧化氮达到调节血压的目的。

其实，在牛初乳中，还有一种物质能够起到降血压的作用，这就是酪蛋白降血压肽。它是一种对血管紧张素转化酶（ACE）具有抑制活性的多肽物质，这些多肽的氨基酸序列和肽链长度各有不同，但都具有类似的功能。血管紧张素转化酶拥有两个具有活性的作用位置，分别为 N－区和 C－区，它们具有几乎相同的功能，只是对不同底物的亲和力不同。

酪蛋白降血压肽是对血管紧张素转化酶活性区域亲和力较强的竞争性抑制剂，它们与血管紧张素转化酶的亲和力比血管紧张素 I 或舒缓激肽更强，而且也较不易从血管紧张素转化酶结合区释放，从而阻碍血管紧张素转化酶催化水解血管紧张素 I 成为血管紧张素 II（收缩血管导致血压升高），以及催化水解舒缓激肽（舒张血管导致血压下降）成为失活片段的两种生化反应过程，起到降血压的作用。

七、预防动脉硬化

动脉硬化是动脉的一种非炎症性病变，可使动脉管壁增厚、变硬，失去弹性、管腔狭窄。动脉硬化是随着年龄增长而出现的血管疾病，其规律通常是在青少年时期发生，至中老年时期加重、发病。男性较女性多，近年来本病在我国逐渐增多，成为老年人死亡的主要原因之一。

引起动脉硬化的病因中最重要的是高血压、高脂血症、吸烟，其他诸如肥胖、糖尿病、运动不足、紧张状态、高龄、家族病史、脾气暴躁等都会引起动脉硬化。

治疗动脉硬化目前有几种常见的方法，比如扩张血管、调节血脂、抗血小板黏附和聚集等。而牛初乳中存在丰富的活性因子和生长因子，可以避免血管损伤处发生炎症，使血管壁快速恢复，降低形成血管粥样硬化的机会。

牛初乳中还存在一些抗体，可特异性抑制肠道内相关细菌，改变肠道菌群分布，加速胆酸转变成不溶性胆盐而随粪便排出，从而促进胆固醇的降解和排泄并减少外源脂质的吸收，降低胆固醇和血脂水平，达到预防心血管疾病的目的。

另外，牛初乳中的巨噬细胞活化因子，能够激活巨噬细胞，清除血管壁片状堆积物，避免血管栓塞引起脑中风或心肌梗死等疾病。牛初乳中的乳过氧化物酶可以阻止过氧化物生成，避免血管损伤，预防动脉硬化。

八、抑制肿瘤

日本学者 Tokuyama 发现，在牛初乳内的类转化生长因子可以抑制癌细胞的生长，癌组织也随之缩小。其他研究者也发现初乳对某些与免疫缺乏相关的癌症有抑制效果，最为可贵的是，这种抑制活力并无毒性，不会产生副作用。

初乳内的乳铁蛋白具有确切的抗肿瘤效应。乳铁蛋白可减少自由基损害效应，降低发生癌症的危险。通过促进 T 细胞和 B 细胞的成熟过程，乳铁蛋白也促进人体内其他免疫活动。有一种乳铁蛋白分子形式具有核糖核酸酶活力，有助于对抗乳腺癌。

负责研究癌症发展过程中乳铁蛋白切入点的科学家揭示：初乳乳铁蛋白可大大强化自然杀伤细胞攻击造血和乳房表皮细胞系的能力。同时，研究发现乳铁蛋白通过阻断细胞循环过程抑制上皮细胞增殖。

老鼠植入实体肿瘤后，可以观察到肿瘤生长受到乳铁蛋白抑制；恶性皮肤瘤细胞向鼠肺部扩散的过程也受乳铁蛋白抑制。这项研究中一个意外发现是：乳铁蛋白分子无论是否为铁所饱和，均表现出相当高的肿瘤抑制和抗代谢活性。

基于这些结果，科学家推断：初乳内的乳铁蛋白分子在机体对抗肿瘤生长和形成的基本防御体系中具有潜在的重要作用。

Johnson 博士等几位著名国际分子营养学家指出：从 1985 年开始，在初乳中发现的细胞因子（白介素 IL – 6 和 IL – 10，干扰素 G 和多种淋巴因子等）一直是癌症防治科学研究领域的热门课题。此外，初乳内的乳白蛋白可产生癌细胞选择性致死（又称"凋亡"）效应，不会影响周围未发生癌变的组织。

初乳内各种免疫和生长因子协同、综合作用可抑制癌细胞扩散。对于一些癌症而言，引发或扩散过程与病毒有关，则此时初乳是防治或控制这种疾病的最佳途径之一。

基于上述考虑，推荐癌症患者在与癌魔斗争过程中考虑服用初乳。

此外，对于化疗患者，初乳能减弱细胞毒性试剂的副作用，这实际上意味着患者能够接受更大剂量的治疗。

在国外进行的临床研究中，将初乳抽提物与黄芪结合起来治疗各种癌症和慢性疾病，取得不俗效果。

相信在不久的将来，有关初乳和乳铁蛋白防治癌症的研究会取得更大进展，造福于人类。

1. 作用机制

牛初乳中的活性免疫球蛋白进入人体内，可以激活人体的免疫细胞，增强人体的免疫监视和免疫清除功能，防止和限制肿瘤的发生和转移。

牛初乳中的生物活性因子进入人体后，增强免疫细胞活力，发挥抑制肿瘤细胞的作用；可以刺激自然杀伤细胞，直接杀死肿瘤细胞。

红细胞、血小板生长因子刺激骨髓造血细胞功能，升高白细胞的数量。

2. 参照效果

第一，提高免疫功能，预防体内细胞癌变，及时清除早期癌变细胞，减少肿瘤发生概率。

第二，对放化疗及手术治疗患者，有效促进手术后的恢复，改善精神状况，防止感染，减轻术后不良反应，巩固手术效果，减少癌变细胞转移的概率。

第三，对晚期肿瘤患者，增强食欲，改善精神状态，提高机体免疫力，减轻痛苦，延长生命，提高生活质量。

九、缓解肝病

肝炎是肝脏炎症的统称。通常是指由多种致病因素——如病毒、细菌、寄生虫、药物、酒精、自身免疫因素等使肝脏细胞受到破坏，肝脏的功能受到损害，引起身体一系列不适症状，以及肝功能指标的异常。由于引发肝炎的病因不同，虽然有类似的临床表现，但是在病原学、血清学、损伤机制、临床经过及预后、肝外损害、诊断及治疗等方面往往有明显的不同。而通常我们生活中所说的肝炎，多数指的是由甲型、乙型、丙型等肝炎病毒引起的病毒性肝炎。

通过研究发现，牛初乳对肝炎病情的缓解效果也是非常明显的。牛初乳中所含的大量活性免疫球蛋白和转化生长因子可以刺激免疫细胞，增加它们的数量和活性，有效抑制乙肝病毒复制；还可以增强自然杀伤细胞的活性，直接清除乙肝病毒。再者，牛初乳中的生长因子可以使受损的肝脏细胞得到正常的修复，防止肝细胞的纤维化，有效预防和阻止肝硬化的发生。

另外，由于肝炎的特殊性，在治疗期间，要保证合理的营养、能量摄入，以及蛋白质和维生素的供给。牛初乳中多种营养成分和丰富的生长因子，能保证患者在康复的过程中摄入充足的营养物质；同时，牛初乳中的免疫球蛋白可以激活人体免疫功能，产生大量免疫活性物质，保证正常肝细胞免受肝炎病毒感染，减缓和阻止乙肝病情进一步发展。

十、缓解呼吸系统疾病

呼吸系统疾病是一种常见病、多发病，主要病变在气管、支气管、肺部及胸腔，病变轻者多咳嗽、胸痛、呼吸受影响，重者呼吸困难、缺氧，甚至呼吸衰竭而致死。在我国，过敏性鼻炎、支气管性气喘等过敏症频发，发病诱因多种多样，但主要都是因为人体对于外界的过激反应而造成的免疫系统功能失调。

牛初乳中所含的活性免疫球蛋白和大量免疫活性因子，不仅可以激活体内的免疫细胞，增加免疫细胞的数量和活性，增强呼吸道黏膜的免疫功能，对抗病毒和细菌的入侵，还能及时消灭已侵入人体的病毒和细菌，促进人体自我修复功能，减轻、消除症状，恢复健康。

过敏性鼻炎、支气管性气喘等过敏症都与免疫系统功能失调有关。I型过敏反应（鼻过敏、皮肤过敏、食物过敏）主要是由于体内的淋巴细胞在接触过敏原后，产生特异性的 IgE 附着于肥大细胞或嗜碱性细胞上，当人体接触相同的过敏原时，巨大细胞或嗜碱性细胞会释放出组胺、白介素等，这些物质会

增加血管通透性，破坏周边的组织。牛初乳可聚集更多的免疫细胞，有效抑制过敏性反应发生，或阻止过敏现象继续恶化，使紊乱的生理状态恢复正常，缓解呼吸道疾病症状。

十一、改善失眠

1. 作用机制

失眠按病因可划分为原发性和继发性两类。

原发性失眠通常缺少明确病因，或在排除可能引起失眠的病因后仍遗留失眠症状，主要包括心理生理性失眠、特发性失眠和主观性失眠 3 种类型。原发性失眠的诊断缺乏特异性指标，主要是一种排除性诊断。当可能引起失眠的病因被排除或治愈以后，仍遗留失眠症状时即可考虑为原发性失眠。心理生理性失眠在临床上发现其病因可以溯源为某一个或长期事件对患者大脑边缘系统功能稳定性的影响，边缘系统功能的稳定性失衡最终导致了大脑睡眠功能的紊乱，失眠发生。

继发性失眠包括由于躯体疾病、精神障碍、药物滥用等引起的失眠，以及与睡眠呼吸紊乱、睡眠运动障碍等相关的失眠。失眠常与其他疾病同时发生，有时很难确定这些疾病与失眠之间的因果关系，故近年来提出共病性失眠的概念，用以描述那些同时伴随其他疾病的失眠。

一般来说，失眠是大脑神经细胞收到不良信号的刺激而变得不稳定，而牛初乳中的神经营养生长因子、转化生长因子、牛磺酸、赖氨酸、胆碱等多种活性物质，可以促进大脑神经细胞代谢，使代谢废物能够及时被清除，从而使大脑细胞代谢处于平衡状态，其正常功能得以恢复。

大脑细胞恢复正常后，兴奋和抑制相互转化就能够顺利地进行，能够从清醒状态顺利地进入睡眠状态，从而有效改善失眠症状。另外，牛初乳中的活性免疫球蛋白和活性免疫因子可以从根

本上增强机体的免疫功能，使大脑细胞免受身体一些不良信号的刺激，保证大脑细胞处于一个平衡稳定的状态，防止失眠等症状的发生。

2. 参照效果

第一，辗转反侧难以入睡、易惊醒、多梦、每晚只睡两三个小时、精神不振、神情恍惚、浑身乏力等失眠症状会逐步得到改善，

第二，睡眠质量提高并恢复正常，精神饱满、气色红润，浑身有劲，身体更加健康，生活更加美好。

第五章

牛初乳的现代研究

几千年前古印度就有食用牛初乳的文献记录，人类采用科学的方法研究牛初乳至少已有 200 多年的历史。牛初乳及其功能成分的商品开发至少可追溯到 1958 年，当时芬兰 Immuno. Dynamic. Inc 与其他公司开始合作研究牛初乳及其组分的生理功能、用量及安全性。1996 年 Bernard Jensen 博士出版的《初乳：人类的最佳食品》一书描述了牛初乳有抗病毒的功能。总之，到 20 世纪 90 年代，牛初乳的基础理论研究基本趋向成熟。

研究加工牛初乳制品的关键在于：保证牛初乳中活性成分的作用，保证牛初乳中免疫球蛋白、生物活性因子、酶及其他功能性成分的稳定性，保证这些功能活性成分对胃、肠环境的抵抗能力。

当前，科学家更关注牛初乳保健功能方面的研究，利用现代的生物、分离纯化等技术分离牛初乳中的功能成分，是目前研究牛初乳中功能成分的主要方法。

牛初乳中各项功能性组分的快速检测法在加工中是一个研究的热点。我国对牛初乳 IgG 和乳铁蛋白的检测也取得了很大的进展：采用琼脂双向免疫扩散法和化学发光自显影法等方法测定牛初乳的 IgG；采用酶联免疫等方法测乳铁蛋白含量。另外，超滤、膜分离、微胶囊、冷冻干燥等高新技术在我国牛初乳的研究中也有应用。

第一节　我国牛初乳产品的现状

一、牛初乳的国内外市场

目前，国内外的牛初乳产品主要包括功能性食品、饮料以及化妆品。世界各国的科学家基本都已经认可牛初乳的保健功能，牛初乳制品遍布世界各地，澳大利亚、新西兰在很多年前就有牛初乳粉销售。目前，无论是保健品商店还是超市都销售 "colostrums" 产品，在国外市场中，牛初乳功能性食品已经成为一种常用的保健食品。

自 20 世纪 90 年代开始，我国陆续有人从事牛初乳加工技术的研究和产品开发。1989 年，颜贻谦最初报道了牛初乳提取物"乳珍"的研究成果；随后，黑龙江、南京等地相继有牛初乳制品问世，商品多类似命名为"初乳素"或"初乳冻干粉"。我国"非典"疫情之后，国内的几个厂家相继开始生产来自新西兰的牛初乳保健产品，接着新西兰牛初乳粉打入我国超市市场，与此同时，我国自行研发的牛初乳奶粉也开始生产。

目前，我国的初乳产品主要侧重免疫保健食品方面。针对不同特殊人群，市场上也有牛初乳复合营养品销售。2002 年，我国市场开始出售肠溶胶囊型初乳粉产品。液态的初乳制品中来福乳和高 IgG 含量的初乳较流行。另外，曹劲松等在 2002 年研究出具 IgG 活性的酸奶。2001 年，初乳钙片研制成功，深受少年儿童喜爱。之后又有牛初乳片、干吃牛初乳、牛初乳活性蛋白片等牛初乳奶片产品出现，颇爱我国消费者的欢迎。

据不完全统计，截至 2003 年底，我国市场上销售的牛初乳制品共有 70 多个品牌，其中胶囊、粉剂和片剂产品 40 种，液态产品 10 种，进口产品 20 种。我国牛初乳产品开发正进入新的发展阶段。

二、时代革新

牛初乳的问世同样带来了多方的议论，有人认为是"炒作"，有人也在质疑奶源产地以及初乳乳源总量，针对牛初乳的营养免疫功能，以及奶源产地、深加工技术、免疫球蛋白提纯技术等问题存在一些争议，导致国人对牛初乳的功能性产品认知匮乏，鲜有专业标准，而可以为大众健康带来助力的牛初乳，究竟应该是怎样的，牛初乳营养测评有哪些专业的论据，生产结构和技术在近年来得到了哪些革新，以及相关产品标准有了哪些提升，以下会为大家做出介绍。

第二节　牛初乳的来源

根据中国乳制品工业协会发布实施的《"生鲜牛初乳"和"牛初乳品"行业规范》，牛初乳的定义为：从正常饲养的、无传染病的健康母牛分娩后

72 小时内所挤出的乳汁。牛初乳标志性指标免疫球蛋白（IgG）含量不得低于 10%。

牛初乳尽管来源相当珍贵，但是现代乳业的发展已经能够保证它作为一种高级功能性食品及其制造基料的来源。

乳牛产犊后即开始分泌乳汁，能够在此后 307～312 天内持续挤奶，在现代牧场一般规定前 7 天称为初乳期，7 天之后称为泌乳期，泌乳期后进入大约 60～65 天的干奶期，此时应停止挤奶，直至下一胎产犊。乳牛在泌乳期前两周内所产的乳汁称为"末乳"。过去，在初乳与末乳之间的乳汁因成分及其性质基本稳定而用作加工的原料乳，乳品加工的工艺参数一般是针对这种"常乳"而设计。

现代牧场内，健康乳牛一生可能产犊 10 次以上，经科学饲养和管理，良种乳牛在一个泌乳期产乳量平均为 5000kg 左右，高产者高达 10000kg 以上，即每天产乳约 30kg。从世界范围看，乳牛个体产量最高的品种为荷斯坦乳牛，其次是娟姗牛，后者曾创下一个泌乳期产乳量 18929kg 的该品种的惊人纪录。正是因为牛乳产量高，现代乳业的蓬勃发展能够基本满足加工和消费要求。但是，牛初乳来源十分珍贵，产量尚不足普通牛奶的 1%，而且首先必须满足牛犊的生理需求。

新生牛犊通常在生命的最初 2～3 天内通过吸吮或其他方式接受母牛的新鲜初乳。此间，大多数健康乳牛产生的初乳量均超出了牛犊的需求。一般来说，头产母牛产生的初乳较之经产母牛要少些，据报道其平均初乳产量分别为 32.7kg 和 41.7kg，但依据乳牛品种的不同存在差异，荷兰北部地区的荷斯坦乳牛作为世界上最常见的乳牛品种，其头产和经产母牛的平均初乳产量分别为 24kg 和 54kg。一些文献报道的初乳产量为分娩后最初 4 天内的总量，平均值在 39～52kg 范围内。

新生牛犊消耗的初乳量因牛犊自身、母牛个体以及牧场管理体系不同而异。除了母牛的产乳能力外，母牛与牛犊的接触时间也会影响初乳的吸吮消耗量。若在产后 6～12 小时允许牛犊吸饱，初乳平均耗量为 3.6kg（约为出生体重的 10.4%）。实际上，一些牧场内牛犊出生后很快便与母牛分隔开来，初乳喂养量很少，分娩后最初 3 天内一般在 6.8～11.7kg 之间，这约占每头乳牛初乳平均产量的 14%~35%。以每头乳牛在一个泌乳期内平均生产 43.5kg 初乳，每头牛犊出生后最初 3 天内平均消耗 11kg 计算，每头母牛喂养牛犊 3 天后仍然可以获得 32.5kg 初乳。从牛犊出生后第 4 天开始一直到断奶，一般每天喂 1.8~3.2kg 未稀释初乳（很多牧场会收集、贮存富余初乳进行调剂）。以平均日消耗量 2.5kg 计算，1 头母牛的初乳足以喂养 1 头牛犊 16 天。若公牛犊在出生数天内便被卖出，应该可以获得充足的初乳将母牛犊一直喂养到 4 周。这种估算还较保守，因为一些乳牛的初乳产量更高，据估计总体上看可以获得足以喂养母牛犊 5 周的初乳量。

现代社会已经建立起庞大的乳品工业体系，牛初乳尽管珍贵，但是作为一种功能性食品或原料，能够保证稳定来源，这是牛初乳功能性食品开发的基本前提之一。

第三节　牛初乳的加工

牛初乳一般呈淡黄色，黏稠，有特殊腥味。经加热处理或调味后易被接受。

牛初乳中含有 7 种以上的生长因子、免疫球蛋白、生物活性肽结合蛋白及人体所需的维生素和微量元素，从而赋予了牛初乳一系列的保健功能。免疫球蛋白对于病毒性感染、细菌性感染、寄生虫和酵母菌都有良好的防御作用。

其中，IgG 是唯一可以通过胎盘进入胎儿体内的免疫球蛋白。所以，若主要成分 IgG 浓度不足，就将直接导致其免疫作用大大下降，也可以说 IgG 含量的高低，将直接影响到牛初乳保健作用的效果和时间。

一、牛初乳的加工特性

牛初乳及其活性组分在加工中，可能由于热、酸、碱或高压处理，接触包括酶、微生物等在内的组分，从而改变功能性质。初乳和常乳免疫球蛋白含量分别为50mg/ml和0.6mg/ml，其中80%~86%为IgG。由于牛初乳化学组成特殊，其物化性质与常乳差别较大。牛乳表面张力影响到泡性、乳浊状态、微生物生长特性、热处理、均匀工艺设计，以及风味等。测试分娩后3~72小时内牛初乳的表面张力，结果显示初乳在温度为20~60℃时，表面张力在8~10mN/m之间，明显低于常乳，较之成熟乳低1~10mN/m。混杂有初乳的牛乳在干酪、奶油、酪蛋白或乳粉加工中，因它含有大量热不稳定性的乳清蛋白，会引起巴氏杀菌器内壁挂管。

加热是多数食品制造的必须工序。E. Li - Chan 等确认普通消毒牛乳、乳粉和乳清等产品中均保留了相当数量的IgG抗体完整分子，但大多数抗体均发生了变性。故牛初乳免疫功能食品加工过程中应避免高温。牛乳 IgG 热变性属零级反应，变性活化能约为130kJ/mol，但有报道 IgG 热变性属1.5级反应，表失抗原结合能力所需能量高达 386.83kJ/mol。Lindstrom 等研究过热处理（25~100℃）对牛初乳 IgG 的影响，发现 IgG 属于乳清蛋白中热稳定性最强组分，但一旦解曲则迅速且不可逆，过程与 pH 基本无关。IgG 的链间和链内二硫键对维持构象至关重要，用巯基乙醇等还原剂处理，IgG 变构温度降低。盐分有效延缓溶液中 IgG 的变性。有学者建议含 IgG 产品采用63℃、30分钟或高温短时杀菌法。高蛋白含量对于提高 IgG 的热稳定性至关重要，可以在牛初乳新产品中添加其他乳蛋白。根据新西兰 Healtheries 公司测试，若牛初乳中初始 IgG 含量为7.7mg/g，则当蛋白质含量38%~40%，碳水化合物含量为48%时，室温密封贮存19个月，82%以上的 IgG 可以保留活性。研究不同蛋白质、糖浓度下 IgG 的变性速率，可预测牛初乳产品的货架寿命。巴氏消毒（63.5℃）30分钟后，残留 IgG 百分率以下列顺序递减：初乳>乳清>PBS（磷酸盐缓冲液）。当温度升高至75℃（HTST），持续10分钟，PBS 中残留 IgG 降低44%，初乳和乳清中 IgG 损失约20%，即乳清中其他组分提高了 IgG 的热稳定性。温度继续升高，残留 IgG 含量下降加剧。

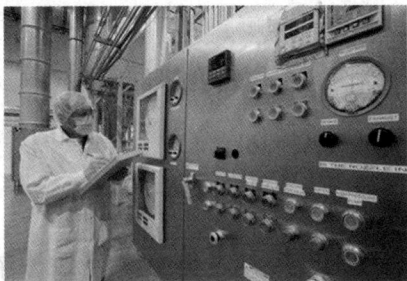

100℃以上体系共存组分对 IgG 热变性的保护效应不显著，加热 15 秒后，IgG 活性均降为零。IgG 在 PBS、煮沸牛乳和 UHT 牛乳中的 D 值 80℃时依次为 90、200 和 170 秒，72℃时依次为 25.5、27.2 和 32.8 分钟。关于生物加工特性，Mclead 等人研究发现，牛初乳 IgG 无论在体外或体内均不易被蛋白酶降解。Kirihara 等人曾利用 Sephadex G-25 凝胶过滤、离子交换层析、木瓜蛋白酶-琼脂糖柱亲和层析等步骤，从牛初乳分离出两种分子量不同的巯基蛋白酶抑制组分，这对于利用生物技术开发牛初乳功能食品具有重要意义。木瓜蛋白酶、无花果蛋白酶、菠萝蛋白酶和链球菌蛋白酶等食品加工常用酶均为巯基蛋白酶。IgG 的基本结构单位是 4 条多肽链组成的对称性结构。利用木瓜蛋白酶将 IgG 肽链切断（重链 224 位氨基酸处），获得两个片段：一个含 2 个抗原结合部位（Fab），另一个为结晶片段（Fc）。前者具抗体活性，后者具有各类免疫球蛋白的抗原决定簇以及其他功能区，即 IgG 的水解片段也具备免疫活性。

二、牛初乳免疫球蛋白浓缩物（MIC）的制取

牛初乳免疫球蛋白浓缩物可以补充低体重早产儿所需要的特殊营养，即较高的蛋白质和能量，尤其是可以补充所需要的免疫球蛋白。其加工方法如下。

将原料乳冷却到 8～12℃，用离心机分离，以去除其含有的血细胞和其他体细胞状物质或粗杂质，然后将牛乳加热，离心除去乳脂肪。若不能及时加工，可将得到的脱脂乳冷冻至 -25℃贮藏，其抗体活性不会有任何损失。

将脱脂乳在板式换热器中加热到 56℃，置于保温罐中保持 30 分钟，再冷却到 37℃，加酸调整 pH 至 4.5，或添加凝乳酶使酪蛋白凝固。再将脱脂乳加热到 56℃，保持 10 分钟，这时就会析出乳清。将酪蛋白凝块用去离子水冲洗 2 次，离心，除去酪蛋白，得到澄清液。将乳清和澄清液分别用 Seitz 型或 Filtrox 型过滤器过滤，以除去细小的酪蛋白颗粒，防止超滤时堵塞设备。

通过超滤过程，除去乳糖、矿物质和水，使最终浓缩物的干物质含

量为 10% ，总蛋白含量为 7% ～ 8% ，免疫球蛋白含量为 2% ～ 3% 。最终浓缩物经无菌过滤、低温浓缩和冷冻干燥后，即得到免疫球蛋白浓缩物。这种成分很容易与乳粉混合，并且容易溶在水中或液体乳中供婴儿食用。

第四节　牛初乳中多肽的研究与应用

牛初乳的组成中 87% 是水，13% 是乳固体，而在乳固体中 27% 是初乳乳蛋白，乳蛋白中有 20% 是乳清蛋白，其余 80% 是酪蛋白。在人体内会发生蛋白质的水解，乳清蛋白和酪蛋白都会水解出大量对人体有益的多肽类物质。

一、乳清蛋白的研究与应用

乳清蛋白成分有 β - 乳球蛋白（48%）、α - 乳白蛋白（19%）、蛋白酶 - 胨（20%）、血清白蛋白（5%）和免疫球蛋白（8%），各具独特的生物活性。少量存在的其他组分，如乳铁蛋白和乳过氧化物酶，也能从中分离出来。目前科学研究证明，乳清蛋白水解出的乳清蛋白肽，如白蛋白多肽、血清白蛋白多肽、免疫活性肽等多种肽类物质有以下特点。

1. 营养价值高、营养结构完整

乳清蛋白水解得到的多种肽类物质的营养价值是非常高的。一般而言，必需氨基酸种类和含量齐全并能提供人体需要的蛋白质可以称为优质蛋白质，也叫完全蛋白质。这里提到了必需氨基酸的概念，必需氨基酸是指人体必需但自身不能合成、必须从食物中摄取的氨基酸。在植物蛋白质中只有大豆蛋白属于优质蛋白质，而大豆蛋白缺少甲硫氨酸（蛋氨酸），需与谷类互补，且大豆蛋白在吸收上不及优质的动物蛋白。乳清蛋白属于优质的完全蛋白质，也是动物性蛋白。它水解的多肽物质含有人体必需的 9 种氨基酸（另一种说法是 8 种，其中不含婴幼儿必需的组氨酸），是人体生长、发育、抗

衰老等生命活动不可缺少的完整多肽。

2. 消化吸收快、增强免疫力

乳清蛋白肽是具有活性的小分子多肽，它能够100%的被机体吸收，并且在吸收过程中不会被二次水解，吸收过程中不消耗机体能量。另外，乳清蛋白含有的免疫球蛋白和血清白蛋白对维护免疫系统，补充抗原都会提供丰富的免疫物质，对增强人体免疫力有非常明显的效果。

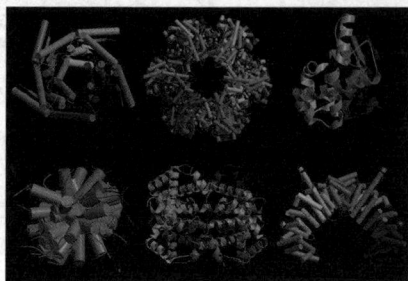

3. 活性成分广、运载功能强大

乳清蛋白中脂肪、乳糖含量低，但它富含β－乳球蛋白、α－乳白蛋白、免疫球蛋白、乳铁蛋白，还有多种酶类物质。乳清蛋白肽则是其中活性最强的肽类物质，并在体内可以起到运载功能，不仅能够运输营养物质，还能吸附血液、组织和器官中的垃圾，促进其代谢。

乳清蛋白与大豆蛋白等植物性蛋白相比，营养价值更高、更易消化吸收、所含活性成分更丰富，是公认的人体优质蛋白质补充剂之一，具有很好的应用价值。

二、酪蛋白多肽的研究与应用

酪蛋白主要有四种类型：αs－酪蛋白、β－酪蛋白、κ－酪蛋白、γ－酪蛋白。酪蛋白在牛乳中以酪蛋白酸钙·磷酸钙复合体形式存在，呈胶体状。

酪蛋白多肽是酪蛋白经蛋白酶水解成的小肽，具有较高的消化率和生物效价，水解降低或消除了乳蛋白致敏性，从而提高了其营养价值。同时酪蛋白多肽具有高溶解性、低黏度、高流动性和热稳定性等优良的理化特性，受蛋白浓度、温度和pH等因素影响小，因此具有良好的加工性。此外，还可生成许多生物活性肽，具有镇静、安神作用，可抑制血管紧张素转化酶（ACE）活性，具有载体功能及抵御细菌和病毒感染等生物活性。

现已证明来源于乳蛋白的肽包括酪蛋白磷酸肽、类吗啡肽、免疫活性肽、降血压肽、酪蛋白钙肽等乳蛋白生物活性肽，因其源于天然食物蛋白以及具有多种生理功能，已成为引人注目的研究热点，在膳食补充剂、保健食品及医药等领域显示出良好的发展趋势。随着营养学和生物技术的发展，人们发现介于蛋白质和氨基酸间的肽类与其他生物分子（如氨基酸、大分子蛋白质等）相比，食用安全性更高，且具有极强的生物活性和多样性。

通过对水解程度的控制和水解酶的使用，酪蛋白可分解制备成多种功能不同的活性多肽类物质，主要以不同功能来区分，下面重点介绍酪蛋白磷酸肽、酪蛋白钙肽、酪蛋白降血压肽以及酪蛋白糖巨肽。

1. 酪蛋白磷酸肽

（1）酪蛋白磷酸肽的功能

酪蛋白磷酸肽（CPP）是从牛奶酪蛋白中经蛋白酶水解后分离提纯而得到的富含磷酸丝氨酸的酪蛋白制品，能在动物的小肠环境中与钙、铁等离子物质结合，防止产生沉淀，增强肠内可溶性矿物质的浓度，从而促进吸收利用，因此被誉为"矿物质载体"，可作为钙、铁的吸收促进剂应用于各种食品中。研究表明酪蛋白磷酸肽具有以下三个功能。

一是酪蛋白磷酸肽因对二价离子有亲和性，能与钙在小肠这种弱碱性环境中形成可溶性复合物，这种结合既能有效防止在中性到偏碱性的小肠环境内不溶性磷酸钙的沉淀，增加可溶性钙的浓度，促进肠内钙的吸收，还可促进铁、锌等二价矿物质营养的吸收。酪蛋白磷酸肽可促进小肠下部不饱和钙的被动扩散吸收，它不受年龄的影响。大量事实证明，酪蛋白磷酸肽能显著提高钙的吸收率和储留率。

二是酪蛋白磷酸肽的抗龋齿功能，磷酸丝氨酸的多肽通过结合作用稳定非结晶磷酸钙并集中在牙斑部位，可防止牙齿上细菌产生的酸对牙釉质的脱矿质作用。用酪蛋白磷酸肽制成的抗龋齿添加剂是目前唯一不同于氟化物的添加剂。

三是酪蛋白磷酸肽还具有促进受精、提高免疫和诱导某些肿瘤细胞凋亡等功能。通过对牛、猪体外试验表明，酪蛋白磷酸肽可明显促进精子进入卵细胞的能力和体外精卵细胞的融合，从而提高精子和卵细胞的受精率。

（2）酪蛋白磷酸肽的应用

工业生产酪蛋白磷酸肽一般以酪蛋白为原料，用蛋白酶水解，使酪蛋白磷酸肽游离，用离子交换法或酶法脱除苦味成分，即可制成低纯度产品，高纯度可用离子交换法，结合分离法精制。

酪蛋白磷酸肽已经在日本、欧洲、澳大利亚的营养补充剂、健康食品中得到应用，在日本已用于添加在包括液体饮料、速溶食品、强化乳制品、饼干、糕点、片剂、糖果等各种形式的补钙、补铁食品中，已经得到市场认可。我国人民缺钙、缺铁的严重性、普遍性和危害性已经成为令人关注的社会问题，开发高吸收性钙、铁功能性食品，使消费者更容易、更科学获得钙、铁的优质来源，是食品工业面临的一个新任务，酪蛋白磷酸肽的应用将不断深入和拓展。

2. 酪蛋白钙肽

（1）酪蛋白钙肽的功能

酪蛋白钙肽（CCP）是含有磷酸丝氨酸残基的生物活性多肽，来自牛乳酪蛋白水解产物，可防止钙、铁等矿物元素沉淀，促进小肠对钙、铁等的吸收。

酪蛋白钙肽还具有防止光褪色功能，实验表明，在含有色素乳化液中添加 0.5% 酪蛋白钙肽，在强光和 35℃ 左右条件下，能保证 30 天不褪色。另一个重要功能是具有抗氧化作用，脂溶性维生素、DHA（二十二碳六烯酸）、EPA（二十碳五烯酸）等功能性油脂，对光、氧不稳定，添加酪蛋白钙肽可起到抗氧化效果。

（2）酪蛋白钙肽的应用

酪蛋白钙肽制作原料是鲜奶，不添加任何其他食品原料，所以酪蛋白钙肽作为食品添加剂在乳品或其他工业中应用不存在安全性问题。酪蛋白钙肽添加在食品中的应用试验表明，添加酪蛋白钙肽食品保持原有口感。

酪蛋白钙肽具有促进钙、铁等矿物质吸收效果。酪蛋白钙肽和富含钙、铁等矿物质食品配合使用，有助于对矿物质吸收。为了充分发挥酪蛋白钙肽作用，应注意掌握钙和酪蛋白钙肽配合比例，在食品中添加钙和酪蛋白钙肽时，若添加不当会使产品风味受到影响；试验表明，酪蛋白钙肽添加量只要低于 0.5%，对食品风味没有任何影响。

酪蛋白钙肽作为一种活性多肽，由于其稳定性好、安全，具有相当开发应用潜力。目前，酪蛋白钙肽作为营养强化剂辅助成分添加到乳品中在国内应用还非常少。酪蛋白钙肽具有较多功能及开发成本优势，将其应用在乳品工业中具有很好的潜力。除添加到乳品中制成壮骨剂或保健食品外，还可用于其他产品中，如添加到花色牛奶中，保证产品在保质期维持其特有色泽；用于营养强化牛奶，防止脂溶性维生素、DHA、EPA 等功能性油脂对光、氧不稳定，起到抗氧化作用。

3. 酪蛋白降血压肽

（1）酪蛋白降血压肽的功能

酪蛋白降血压肽指的是具有血管紧张素转化酶（ACE）抑制活性的多肽物质，这些多肽的氨基酸序列和肽链长度各有不同，但都具有类似的功能。血管紧张素转化酶拥有两个具有活性的作用位置，分别为 N - 区和 C - 区，它们具有几乎相同的功能，只是对不同底物的亲和力不同。酪蛋白降血压肽是对血管紧张素转化酶活性区域亲和力较强的竞争性抑制剂，可起到降血压作用。食物蛋白经发酵或酶解产生的血管紧张素转化酶抑制肽，链长一般为 2 ~ 14 个氨基酸，其抑制活性与其特殊的肽链结构密切相关。虽然血管紧张素转化酶抑制肽的结构 - 活性关系尚未建立，但这些肽显示了一些共同特征。在不同的血管紧张素转化酶抑制肽中，结构 - 活性的相关性表明，作为底物的抑制肽与血管紧张素转化酶的结合，受其 C - 端的三肽片段强烈影响。C - 端三肽残基能在血管紧张素转化酶活性部位与其次级结构的 S1、S1′ 和 S2′ 产生相互作用。血管紧张素转化酶似乎较易与在 C - 端的三个位置上含有疏水氨基酸（芳香族或支链）残基的底物或抑制剂结合。

（2）酪蛋白降血压肽的应用

对于高血压、心血管疾病等现代慢性疾病的预防和控制，除了改善膳食结构、生活习惯、增加体育锻炼外，利用保健食品来调节生理状态已日益被消费者接受。因此应用来自天然食物蛋白的酪蛋白降血压肽开发具有调节血压作用的保健食品研究越来越多，通过长期服用而达到预防、控制、缓解和辅助治疗高血压的目的。酪蛋白降血压肽可应用于以预防和缓解高血压为功能指向的中老年人食品（例如奶粉、乳饮料、速食麦片等食品）以及膳食补充剂中。

4. 酪蛋白糖巨肽

（1）酪蛋白糖巨肽的功能

酪蛋白糖巨肽（CGMP）是乳中酪蛋白的一个多肽片断。通过凯氏定氮法得知，酪蛋白糖巨肽占整个乳清蛋白的 5%～20%。酪蛋白作为牛乳中的一种主要的糖蛋白源具有许多糖蛋白的生理功能，其凝乳酶水解所得到的酪蛋白糖巨肽除了具有糖蛋白的一些功能之外，还具有一些特有的生理活性功能：可以作为双歧杆菌增殖因子，酪蛋白糖巨肽较低浓度下也具有明显的增殖效果；可以抑制胃液分泌，起到降低食欲、控制饮食的作用；可以抑制病原体包括病毒和细菌等黏附至细胞，保护机体免受病原体的感染；可以抑制霍乱等的毒素与受体的结合，作为有效的毒素中和剂；可以调理肠道微生物，促进肠道中有益菌群的生长，抑制有害菌的生长。此外，最近一些研究表明，由酪蛋白糖巨肽再降解所得的一些小肽链还具有类鸦片拮抗作用、抑制血小板凝集、降低血压等功能。

（2）酪蛋白糖巨肽的应用

酪蛋白糖巨肽是具有工业化潜力的蛋白质来源，它独特的酸性条件下的热稳定性和可溶性预示了它在食品加工中的应用前景。另外，近来发现的关于它在生物和营养方面的功能为其规模生产提供了广阔的市场。酪蛋白糖巨肽，可抑制口腔致病菌——变形链球菌的生长、产酸、黏附，可以作为一种安全有效的生物防龋剂在食品加工、保健品和医药品中广泛应用。大力开发乳品中的酪蛋白糖巨肽，不仅提高了乳资源的综合利用水平，而且为保健食品以及医药品提供了一种全新的功能性材料。

随着生命科学的发展，生物制品的分离纯化技术已成为生物技术实现产业化的关键，尤其是对推动我国多肽类保健食品和药品的产业化具有重要意义。目前这方面的研究十分活跃，且不断向纵深方向发展。未来生物活性多肽的研究主要集中于以下几个研究方面：分离纯化方法的深度研究和工业化推广应用；多肽结构的化学修饰，如多肽铁、锌化合物的制备等；活性多肽作用机制的微观分析，多肽的化学合成等。我国人口众多，市场巨大，开发酪蛋白多肽系列产品的前景将十分广阔，效益将十分可观。相信在不久的将来，我国对具有特定生理功能活性肽的分离纯化及结构鉴定方面将会做出更卓越的贡献。

第五节　牛初乳的开发与前景

　　2012 年 8 月，中国乳制品工业协会在京宣布《"生鲜牛初乳"和"牛初乳粉"行业规范》，对牛初乳的定义、感官指标、理化指标、卫生指标提出明确的要求，同时对相关指标的测定方法及检测规则等内容也做了规定。这标志着我国首个牛初乳行业规范正式出台。

　　在牛初乳粉规范中，牛初乳标志性指标免疫球蛋白（IgG）含量不得低于10%。

　　牛初乳中具有普通牛乳中不具备的营养及免疫成分，已逐渐被人们重视，但由于缺乏统一的规范，牛初乳行业目前比较混乱，牛初乳制品良莠不齐，鱼龙混杂。

　　一位业内人士表示："以前没有统一的规范、标准及有效简单的检测方法，企业很难建立起完善的产品检测与质量保证体系，消费者面对的也是一个无序的市场，在选择上无所适从。"

　　在"生鲜牛初乳"规范中，首次明确提出了对牛初乳的定义：牛初乳是母牛分娩后 72 小时内所挤出的乳汁。据了解，目前国际上对牛初乳并没有一个统一的定义。如新西兰将牛初乳定义为母牛分娩后 4 天内的乳汁；美国定义为从母牛怀孕至分娩后 5 天的乳汁；新加坡则定义为母牛分娩后 4 天内的乳汁。

　　同时，"生鲜牛初乳"规范规定，生鲜牛初乳免疫球蛋白（IgG）含量每毫升不低于 12mg，并且牛初乳从挤出至贮存不超过 30 分钟，要在 -18℃下冷藏，并在 4℃ 下冷藏运输。"牛初乳粉"规范规定，蛋白质含量不低于40%，免疫球蛋白含量不低于 10%，而且要在产品标签中标示蛋白质和免疫球蛋白的含量。据悉，新出炉的行业规范，分别适用于新鲜牛初乳的收购及牛初乳粉的加工。

　　据不完全统计，目前我国市场上销售的牛初乳制品有 70 多个品牌，其中胶囊、粉剂、片剂产品 40 种，液态产品（主要是含初乳的乳酸菌饮料）10 种，进口或进口分装的产品 20 余种。目前全国已经申报为保健食品的牛初乳品牌有 9 个，其中 8 家是国内企业，还有十几家正在进行申报。由此可见，牛初乳类保健食品在我国正在以迅猛的态势发展。

一、牛初乳产品的分类

现阶段，国内的牛初乳产品大致分为三类，那就是牛初乳鲜乳及鲜乳制品、牛初乳奶粉及添加牛初乳奶粉、牛初乳深加工及提取主要有效成分的保健食品。

1. 牛初乳鲜乳及鲜乳制品

与常乳相比，牛初乳色黄，有苦味和异臭味，其黏度、酸度和相对密度均比常乳高，感官指标低，口感较差，成分复杂，人不能直接食用。牛初乳含有大量的免疫物质，乳球蛋白、乳白蛋白的含量也比常乳高，因此热稳定性较差，加热时易发生沉淀，同时散发出臭鸡蛋样的气味。试验证明，在常压下温度达到 60~65℃，初乳就会结块，而且有异臭味，免疫因子和生长因子也失去活性。因此对于牛初乳加工一定要在低温条件下进行，这样才可以使牛初乳中的免疫因子得以保全，它的免疫功效才可以发挥出来。因此加工工艺难度较大，对设备要求高，这也是多年来影响牛初乳开发的重要因素。

目前消费者在超市中所见到的牛初乳鲜乳产品都不是纯粹的初乳，大多是在鲜乳中加入少量的牛初乳加工而来，此类产品中含有少量的牛初乳有效成分。因加工工艺和含量问题，其营养价值和普通鲜乳产品没有太大差别，并不能起到很好的保健功效，而且售价比普通鲜乳制品高出 30%~50%。

2. 牛初乳奶粉和牛初乳粉

牛初乳奶粉和牛初乳粉虽然只有一字之差，但两种产品却截然不同。我们所说的牛初乳奶粉实际上是配方奶粉的一种，是一种在奶粉中添加牛初乳的产品，与在奶粉中添加其他营养物质（如维生素、矿物质、叶黄素、胡萝卜素）在本质上没有太大的区别。添加牛初乳后的奶粉具有了一定的牛初乳特有的营养价值，并且可根据不同人群的需求改变添加的量，从而适应更广泛的市场需求。

牛初乳粉却不同，它是由纯牛初乳经过特殊工艺加工而来，高质量的牛初乳粉基本保全了牛初乳中营养成分和特殊因子活性。因此，牛初乳粉比牛初乳奶粉在保健功效、预防和缓解疾病、调节免疫功能上更具功效。

牛初乳粉是牛初乳产品的一种最常见的形式。好的牛初乳粉，对于牛初乳原料采集的季节、环境、纬度、时间等要求都非常严格。一般来说，国际上公认的奶牛饲牧黄金地带都坐落在北纬 42°～47° 之间，这里的日照强度好，温差适宜，非常适合奶牛的产奶。而且，从时间上来讲，牛初乳中免疫球蛋白的活性会随着时间的增加而大幅下降，比如母牛产犊后 12 小时内的初乳中，IgG 含量能达到 40% 以上，而 24 小时后的 IgG 含量迅速下降到 10%～15%，因此，时间对牛初乳营养价值的影响也是非常大的。

有了好的奶源，没有合格的检测和运输环节也是没用的。牛初乳的检测环节非常严格，而且在运输过程中需要冷链运输，这样才能保证牛初乳从榨乳环节到加工环节的无缝连接和活性成分的完整保持。

在加工工艺方面，目前最先进的牛初乳加工工艺都是在低温环境下，采用离心脱脂、微滤膜除菌、超滤膜浓缩、超低温冷冻干燥、低温气流式干燥等技术设备，辅以先进的双铝包装技术，这样才能保证免疫球蛋白和其他营养物质的含量和活性，同时，也保证了晶体颗粒更精细，更容易被吸收。

3. 以牛初乳为主要原料的保健食品

牛初乳及其功能成分的商品开发至少可以追溯到 1958 年，当时芬兰 Immuno. Inc. 与其他公司合作研究牛初乳及其组分的生理功能、用量及安全性。1996 年 Bernard Jensen 博士在《初乳：人类的最佳食品》一书描述了牛初乳具有抗病毒的功能。20 世纪 90 年代，牛初乳的基础理论研究基本成熟，我国开始从事牛初乳加工技术的研究和产品的开发。1989 年颜贻谦最先报道了牛初乳提取物"乳珍"的研究成果，随后牛初乳制品相继问世。目前，我国的牛初乳产品主要侧重免疫保健食品方面，主要有牛初乳纯粉、胶囊、片剂和初乳奶粉等产品类型。

另外，目前除了以纯牛初乳为原料的牛初乳产品受到消费者的追捧之外，以牛初乳为添加剂的保健食品也越来越多地走进了人们的生活。由于牛初乳中含有大量免疫球蛋白、生长因子、酶、多肽等活性成分，在医药、食品添加剂方面有着广阔的应用前景。而加工技术的进步，也将让牛初乳中营养物质能够以更加经济、简便的方式实现工业化操作，对牛初乳中有效活性组分进行有效的分离，让大家都能享受到牛初乳及其衍生产品对消费者健康带来的益处，这也将是牛初乳产品今后的一个大的发展趋势。

二、专家说牛初乳

华南理工大学食品与生物工程学院曹劲松副教授说，目前牛初乳已被研究确认的好处至少有以下五个方面。

第一，益于婴幼儿、成长发育中的青少年、中老年人、免疫力低下者及体弱多病者。牛初乳生长因子和免疫因子产生的功效已经被确认，主要包括对人体生长发育、改善运动性能、提高系统免疫水平等均有很好的促进作用，而其尚未被确认的功效则更多。

第二，改善胃肠道功能。在胃肠道疾病中，以幽门螺杆菌感染引起的胃溃疡及由隐孢子虫引起的腹泻最为多见，后者几乎无药可治。而初乳由于对这两种病菌有独特的抑制效果而被国外医学界称为"非官方处方药"。

第三，促进伤口愈合。由于生长因子的作用，初乳在促进伤口愈合方面的功效也非常明确。在国外，有人甚至直接将牛初乳涂在伤口上。

第四，迅速消除疲劳，增强肌肉的力量。之前参加韩日世界杯足球赛的中国国家足球队某著名"国脚"就曾食用牛初乳以改善体质、增强肌肉的力量。由于它是一种天然食品，所以在2000年悉尼奥运会期间召开的国际运动科学研讨会上，有关人士提出并最终确认初乳产品不应在禁用范围。

第五，益于慢性病患者的康复。利用初乳中的提取物和中草药结合，对慢性病患者的康复也有不俗功效。

三、什么人适合服用牛初乳

1. 中老年人：多食牛初乳，延年益寿

机体免疫功能不够强大、循环性器官退化是导致中老年人过早衰老的重要原因。牛初乳可更新、修复人体组织细胞，调节血糖和新陈代谢，改善广大中老年人的身体健康状况，延缓衰老，永葆活力。

2. 体弱多病者：科学调理，改善健康

牛初乳所具有的提高免疫力、均衡营养等功能，可有效改善体弱多病人群的身体健康状况，尤其是其中所富含的各种生长因子和功能性成分，对高脂血症、高血压病、糖尿病、类风湿关节炎等慢性疾病具有很好的调节作用。

3. 孕妇：补给外源免疫力，母强子健保安康

牛初乳中丰富的营养物质很多都是孕妇活动和腹中宝宝发育所必需的，更重要的是，牛初乳中的免疫物质不仅可增强孕妇自身免疫能力，更可将这种"抗病能力"传递给宝宝，呵护宝宝健康。

4. 青少年儿童：提高免疫，健康成长

现代医学研究证明：青少年儿童处于人体免疫功能低下期，免疫功能发育不完善，易患各类疾病。牛初乳可补充免疫系统的不足，直接提高孩子的免疫力，减少孩子呼吸道、胃肠道等发生感染的机会，并能促进孩子大脑、骨骼、牙齿发育，帮助孩子健康安全地成长。

5. 亚健康人群：告别亚健康，生活更美好

牛初乳含有多种活性因子和功能性组分，可有效改善亚健康人群的失眠、乏力、无食欲、易疲劳、心悸、抵抗力差、易激怒、经常性感冒或口腔溃疡、便秘等症状，恢复机体活力，让生活更加美好。

6. 术后恢复人群：补充营养，加速康复

术后人群身体非常虚弱。牛初乳中所含有的纤维细胞生长因子可有效促进术后的伤口愈合，所含的其他免疫成分和营养物质可有效促进机体营养平衡，提高机体免疫防护，更好地促进患者术后康复进程。

第六节　牛初乳保健食品的选择

如何选购牛初乳？相信很多想买牛初乳的朋友都会有这样的疑问，因为市面上牛初乳的产品太多了，正所谓"花多眼乱"，让很多朋友都无从下手。

一、认乳源

乳品行业有句话：得奶源者得天下。优质的乳源始终对乳制品的质量具有决定性意义。

1. 饲牧方式

我们都知道，优质的乳源不仅仅是乳品品质的有力保障，更是保障乳品食用安全的不二法门。空旷、纯净、无污染，不使用杀虫剂、激素和抗生素的天然饲牧方式所提供新鲜乳源，是生产牛初乳类保健品最理想的乳源供给。

2. 地域特质

翻开世界乳品工业发展年鉴，我们不难发现，世界上畜牧业发达的国家和地区，都有自己独特的地理位置与自然环境。北纬 42°~47°之间，美国、加拿大、法国、日本、中国等区域均是国际公认的奶牛饲牧黄金地带，进而也是世界绝无仅有的阳光奶源地带。

二、认制造商

实力代表品质。不同的制造商提供的初乳产品质量存在很大差异，应该选择一个有声望的制造商提供的产品。

有了好的奶源是不是就能得到好的牛初乳产品呢?

答案当然是否定的!

产品的加工制造工艺也决定着牛初乳保健食品的品质。

目前，牛初乳最常用的加工方法是冷冻保存→室温缓溶→过滤→净乳→脱脂→原料配合→加热杀菌→喷雾干燥→包装这一系列过程。此工艺成熟，效果稳定，但有效成分损失较大。还有一种就是冷链加工技术。

1. 低温

世界上大多数的牛初乳生产商都采用加热杀菌和核辐照杀菌的方式对牛初乳产品进行灭菌，这些方法虽然可以杀灭牛初乳产品中的微生物，但是由于牛初乳中的生物活性物质,例如免疫球蛋白、生长因子等对热和核辐射都非常敏感,会导致最终产品中免疫活性组分的损失和蛋白变性的不良影响。冷链加工技术中牛初乳从原料收集到最终产品的包装都采用低温加工技术,整个生产工艺全程无高温、无核辐照等不良因素的影响,最终加工的牛初乳产品中生物活性成分具有高活性、高含量等特点。

2. 膜技术

膜微滤除菌技术不同于其他的热杀菌及辐照杀菌等技术,加工工艺完全在低温下进行,通过优化设计的陶瓷膜除菌设备对原料奶中的病原微生物进行有效的物理截留,一方面保证了成品的微生物要求,另一方面可以去除牛初乳中的杂质、微生物菌体、不良气味,产品更安全;采用膜超滤技术可以对牛初乳中无机盐、乳糖的小分子进行去除,一方面保证了客户的配方需求,另一方面可以提升最终牛初乳产品的蛋白质及生物活性物质等指标,整套生产工艺都是在低温条件下进行,对牛初乳中免疫活性成分无任何不良影响。

3. 低温喷雾造粒技术

低温喷雾干燥设备具有低温干燥和造粒两大功能,喷雾进风温度低于140℃,制品干燥温度低于55℃,有效保证了牛初乳中生物活性组分的免疫功效,塔底设置三级流化床,可以通过不同的风速设置,生产不同颗粒度的牛初乳产品。

4. 电脉冲杀菌技术

为了进一步消除牛初乳产品中病毒可能产生的安全性隐患,在前端采用膜除菌处理后,后端干燥之前采用电脉冲杀菌设备对可能残留的病毒进行二次消毒,有效保证了最终产品的安全性,具有低温、杀菌效率高、生物活性成分破坏小等特点。

三、看活性 IgG 的含量

IgG 的数值是牛初乳行业衡量产品质量的一个现行标准。专家介绍,初乳粉、初乳片以及初乳胶囊三种剂型产品的 IgG 含量可能不尽相同,其中既有乳源的选择因素,也有生产工艺因素,还有原料乳的选择因素。不管是哪种剂型，在同一乳源基地所采取的新鲜初乳原材料中，选用哪个时段的鲜乳源材料，直接决定了其中的 IgG 含量。比如，选择 24 小时内所采集的新鲜初乳原料所生产的初乳产品，IgG 的含量一定是最高的。48 小时的弱之，72 小时的也许仅能达到国家规定的每百克 IgG 的含量 10g 以上。最高品质的初乳一般都采用 24 小时之内的初乳乳源，一般 IgG 的含量可以达到每百克 30g 及以上。

四、看产品的水溶性

真正高品质的奶粉，其水溶性都非常好，牛初乳也是如此！真正采用低温喷雾干燥高科技方法生产的牛初乳奶粉，能改变传统牛初乳口感不好、不易溶解的缺点。

五、认品牌

由于目前国内对牛初乳的标准、含量等问题没有国标级标准，一些不法企业难免会出现以次充好或者假冒现象，只凭外表很难分辨牛初乳的好坏。专家建议尽量选择知名企业所生产的大品牌牛初乳产品，以免花数倍价钱却只买到普通奶粉。

第七节　牛初乳开发的问题

牛初乳作为功能性食品的大规模开发必须解决一些基本问题。

第一，保证牛初乳中热敏性功能组分，尤其是 IgG 的生物活性。微胶囊技术可有效防止酸碱变性，增加稳定性。若无胶囊保护，需采用较高浓度蛋白质配方，最好加入变性程度低的乳清蛋白。在保证杀菌效果的前提下，应尽量降低产品的受热强度。

第二，要注意对牛初乳进行适度的"拆分"。利用多种技术可分离纯化获得高纯度牛乳 IgG，但成本昂贵。牛初乳作为一种富含 IgG 的基料使用时，特殊之处是它天然含有具缓冲效应、可抑制蛋白酶水解活性的糖蛋白组分，故不应"拆分"过度。

第三，针对不同人群，需采用不同的产品开发策略。例如：对于儿童食品可以直接采用牛初乳基料强化，因为该人群胃部 pH 较高，一般在 4.0 左右；而成年人胃部 pH 为 2.0，就需要从配方组合的角度考虑如何保护 IgG 的活性。

第四，完善牛初乳功能食品检测技术，防止一哄而上。牛初乳粉等产品问世不久，已发现假冒产品，例如：市场上一些标识为"初乳"的产品其实是廉价的乳清粉，对人体无特别益处。初乳是哺乳动物提供给幼仔的最初食品，大自然中尚未发现其他物质像初乳这样有益于动物的健康成长。初乳中的关键组分 IgG 不能从植物或医药实验室中获得。在倡导母乳喂养的今天，由于人初乳来源有限，人类转而开发牛初乳功能食品理所当然，前景广阔。

参考文献

［1］ 郑峥，马彦科．牛初乳的开发利用及研究进展［J］．生物技术通讯，2010，21（5）：746－749．

［2］ 曹劲松，段海霞．口服牛初乳及其组分的保健功能［J］．中国乳品工业，2004，32（8）：11－13．

［3］ 陈明，张勇，冯炜．功能性食品原料牛初乳［J］．食品工业，2006，（3）：19－22．

［4］ 李延华等．牛初乳的营养保健功能及其生物活性成分的开发利用［J］．食品科学，2007，4：265－268．

［5］ 车云波．牛初乳功能食品的开发利用［J］．农业与技术，2010，3（30）：52－55．

［6］ 丁连才，刘浩强．牛初乳中活性物质含量分析［J］．中国奶牛，2007，（4）：54－57．

［7］ 高学飞，王志耕．β－乳球蛋白应用研究［J］．乳品加工，2009，（5）：41－44．

［8］ 曹劲松．初乳功能性食品［M］．北京：中国轻工业出版社，2000：17－48．

［9］ 赵名，刘宁．免疫调节功能性食品－牛初乳［J］．中国食物与营养，2006，（5）：55－57．

［10］ Playford R J, Floyd D N, McDonald C E, et al. Bovine － colostrum is a health food supplement which prevents NSAD-induced gut damage［J］. Br Med J, 2009, 44（5）: 653－658.

［11］ Palmeira P, Carbonare S B, Silva M L M, et al. Inhibition of enteropathogenic *Escherichia coli*（EPEC）adherence to HEp－2 cells by bovine colostrum and milk［J］. Allergol Immunopathol, 2007, 29（6）: 229－237.

［12］ Yoon K, Ha S, Kim K, et al. The effects of bovine colostrum on human skin［J］. J Invest Dermatol, 2005, 119（1）: 311－312.

［13］ 徐丽，生庆海，郭顺堂．不同剂量牛初乳粉对小鼠免疫调节作用的研究［J］．食品科学，2005，11：54－57．

［14］ 王建平，阿里木帕塔尔，张丹凤．牛初乳粉的保健功能研究［J］．新疆农业科学，2008，39（2）：91－94．

［15］ 李莉，包永星，陆东林．牛初乳粉对肿瘤病人免疫调节的临床对照研究［J］．营

养学报，2005，27（6）：514-516.

[16] 李忠秋等. 牛初乳的研究进展 [J]. 黑龙江畜牧兽医，2008，7：27-29.

[17] 顾瑞霞，张和平，汪家琦等. 乳与乳制品的生理功能特性 [M]. 北京：中国轻工业出版社，2000，7：22-24.

[18] 袁霖，王海滨. 牛初乳食品加工工艺的研究 [J]. 肉类工业，2000，（6）：2-6.

[19] 官春波，张永翠. 牛初乳中的营养成分及其保健功能 [J]. 中国乳业，2003，（4）：122-124.

[20] 梁海燕. 牛初乳———一种新型的功能性乳制品 [J]. 山西食品工业，2003，（4）：512-514.

[21] 劳泰财，王士长. 初乳和免疫乳的功能成分 [J]. 食品工业科技，2003，24（8）：93-95.

[22] 陈明，张勇，冯炜. 功能性食品原料牛初乳 [J]. 食品工业，2004，3：39-41.

[23] 官春波，张永翠. 牛初乳中的营养成分及其保健功能 [J]. 中国乳业，2003，4：27-29.

[24] 王忠萍，李鲁龙，李德才. 牛初乳的营养价值和保健作用 [J]. 中国乳品工业，2000，28（5）：38-40.